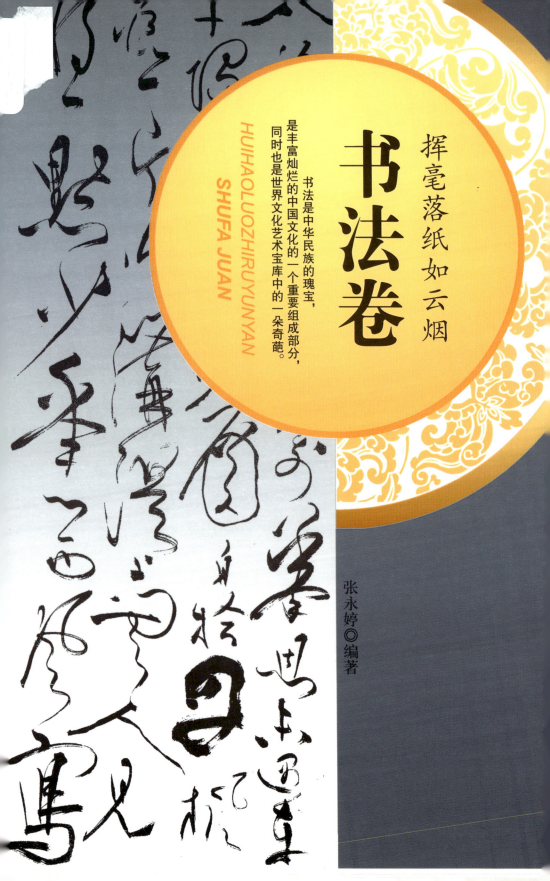

挥毫落纸如云烟

HUIHAOLUOZHIRUYUNYAN

SHUFA JUAN

书法卷

书法是中华民族的瑰宝，是丰富灿烂的中国文化的一个重要组成部分，同时也是世界文化艺术宝库中的一朵奇葩。

张永婷◎编著

固体推进剂装药设计

Solid Propellant Charge Design

覃光明　卜昭献　张晓宏　编著

国防工业出版社

·北京·

图书在版编目(CIP)数据

固体推进剂装药设计/覃光明,卜昭献,张晓宏编著.
—北京:国防工业出版社,2013.4
ISBN 978-7-118-08624-9

Ⅰ.①固... Ⅱ.①覃... ②卜... ③张... Ⅲ.①固
体推进剂 – 推进剂装药 – 设计 Ⅳ.①V435

中国版本图书馆 CIP 数据核字(2013)第 044098 号

※

国防工业出版社 出版发行

(北京市海淀区紫竹院南路 23 号 邮政编码 100048)
国防工业出版社印刷厂印刷
新华书店经售

*

开本 710×1000 1/16 印张 15¾ 字数 275 千字
2013 年 4 月第 1 版第 1 次印刷 印数 1—2000 册 定价 85.00 元

(本书如有印装错误,我社负责调换)

国防书店:(010)88540777 发行邮购:(010)88540776
发行传真:(010)88540755 发行业务:(010)88540717

致读者

本书由国防科技图书出版基金资助出版。

国防科技图书出版工作是国防科技事业的一个重要方面。优秀的国防科技图书既是国防科技成果的一部分,又是国防科技水平的重要标志。为了促进国防科技和武器装备建设事业的发展,加强社会主义物质文明和精神文明建设,培养优秀科技人才,确保国防科技优秀图书的出版,原国防科工委于1988年初决定每年拨出专款,设立国防科技图书出版基金,成立评审委员会,扶持、审定出版国防科技优秀图书。

国防科技图书出版基金资助的对象是:

1. 在国防科学技术领域中,学术水平高,内容有创见,在学科上居领先地位的基础科学理论图书;在工程技术理论方面有突破的应用科学专著。

2. 学术思想新颖,内容具体、实用,对国防科技和武器装备发展具有较大推动作用的专著;密切结合国防现代化和武器装备现代化需要的高新技术内容的专著。

3. 有重要发展前景和有重大开拓使用价值,密切结合国防现代化和武器装备现代化需要的新工艺、新材料内容的专著。

4. 填补目前我国科技领域空白并具有军事应用前景的薄弱学科和边缘学科的科技图书。

国防科技图书出版基金评审委员会在总装备部的领导下开展工作,负责掌握出版基金的使用方向,评审受理的图书选题,决定资助的图书选题和资助金额,以及决定中断或取消资助等。经评审给予资助的图书,由总装备部国防工业出版社列选出版。

国防科技事业已经取得了举世瞩目的成就。国防科技图书承担着记载和弘扬这些成就,积累和传播科技知识的使命。在改革开放的新形势下,原国防科工委率先设立出版基金,扶持出版科技图书,这是一项具有深远意义的创举。此举势必促使国防科技图书的出版随着国防科技事业的发展更加兴旺。

设立出版基金是一件新生事物,是对出版工作的一项改革。因而,评审工作需要不断地摸索、认真地总结和及时地改进,这样,才能使有限的基金发挥出巨大的效能。评审工作更需要国防科技和武器装备建设战线广大科技工作者、专家、教授,以及社会各界朋友的热情支持。

让我们携起手来,为祖国昌盛、科技腾飞、出版繁荣而共同奋斗!

国防科技图书出版基金

评审委员会

Ⅴ

前言 Preface

　　装药设计是固体推进剂发动机和其他固体动力推进装置的重要设计内容。其设计的理论依据已有专业教程和有关专业书籍作了详尽的叙述,并已被固体推进剂发动机设计人员广泛使用。本书编著者总结多年从事固体推进剂发动机产品设计、研制的经验和体会,借鉴相关理论,从工程设计和使用的角度,对固体推进剂装药设计的步骤、内容和方法,根据产品不同研制阶段进行了划分,阐述各自需完成的设计和设计修改等内容。

　　本书共分8章。第1章重点叙述装药设计的依据,主要性能参数和指标,并将制定合适的装药技术要求作为设计和研制装药的首要内容。第2章根据装药技术要求和不同的装药形式,阐述合理选用推进剂的重要性。第3章结合较典型的药形计算,介绍几种常用的计算程序,给出人机交互界面和计算方法;对复杂药形,给出三维绘图方法和计算结果。第4章除采用工程计算方法计算装药性能外,重点以实例计算的形式,提出装药装填设计,相关性设计和高装填密度装药设计等思路和方法,为固体推进剂发动机性能设计和功能设计提供新的参考。第5章强调合理制定装药包覆技术要求的重要性,介绍了低特征信号包覆的试验测试方法。第6章重点介绍几种特种药形装药的形式和采用三维绘图法的设计结果。第7章介绍轻质高强纤维复合材料壳体的强度设计与典型结构,重点介绍带药进行纤维缠绕成形整体式发动机装药的设计特点,结合实例说明这种新型装药结构对提高发动机推进效能的实用价值。第8章给出装药交付和验收的依据,制定制造验收规范的主要内容;装药检验与验收有关技术文件的编写,以及装药生产前,对推进剂性能检验的重要性及保证推进剂性能的技术措施等。

本书由王宁飞研究员、李尚文研究员、鲍福廷教授、王春利教授等专家审阅,在此,谨向他们表示诚挚的感谢。

鉴于编著者水平有限,书中一定会有错误和不妥之处,敬请读者批评指正。

编著者于西安

2013 年 1 月

目录 Contents

Solid Propellant Charge Design

Solid Propellant Charge Design

Solid Propellant Charge Design

Contents

Solid Propellant Charge Design

符 号 含 义

a,b——常数

α_P——压强温度敏感系数

A_t——喷喉截面积

A_e——喷管出口面积

A_{st}—— 药柱的横截面面积

A_P—— 药柱端面面积

A_{np}—— 通气面积

$A_{np内}$——内通气面积

$A_{np外}$——外通气面积

A_{npo}——总通气面积

c —— 裕度系数

C^*—— 特征速度

C_F—— 推力系数

C_D—— 流量系数

C_P—— 定压比热

C_{Pcp}——T_c-298 温度范围平均定压比热

D_c—— 燃烧室内径

D_p—— 药柱外径

e^*—— 星边消失时的燃层厚

e —— 瞬时燃层厚

E_1——总燃层厚

F,F_{cp}—— 平均推力

G ——秒流量

G_O—— 总流量,所消耗推进剂的总质量

H —— 轮臂高度;包覆层厚度

$H_{T,i}^0$——第 i 种产物的标准热焓

H_e—— 燃烧产物的焓

H_T—— 1kg 推进剂燃烧产物总热焓

H—— 锁形药形的锁孔中心距

I_{sp}—— 比冲

I_o—— 总推力冲量

i—— 瞬时值

J—— 喉通比

k—— 比热比;侵蚀常数

k_1—— 余量系数

k_v—— 侵蚀系数

K_N—— 燃烧面与喷喉面积比

L_c—— 燃烧室长度

L_p—— 药柱长度

L—— 特征长度;锁形面宽度

L_1—— 扁头中心距

L_m—— 开槽长度

m_c—— 点火前后发动机质量差

m—— 梅花瓣数(圆弧数)

M—— 推进剂千克摩尔数

$S_b(i)$——瞬时燃烧面

n—— 压强指数;燃烧产物的千克摩尔数;星角数;轮臂数;开槽数。

n_i—— 第 i 种产物的摩尔数

n_p—— 管状药柱的根数

P_c——燃烧室平均压强

P_e—— 喷管出口压强

P_a—— 环境大气压强

Q_p—— 定压爆热

ρ_p—— 推进剂密度

r—— 顶圆角边过渡圆弧半径

r_1—— 星根圆半径;轮臂角圆弧半径;小圆外半径

r_2—— 轮臂圆弧半径

R^0 —— 通用气体常数

R_C —— 燃烧产物的气体常数

R —— 锁形药形大圆外半径

rr —— 大圆内半径

rr_1 —— 小圆内半径;内圆弧根半径

R_{p1} —— 外圆弧半径

Rr —— 内圆弧顶半径

S_b —— 装药燃烧面

$S_{b外}$ —— 外表面燃烧面积

$S_{b内}$ —— 内表面燃烧面积

S_{bo} —— 总燃烧面积

S_{scp} —— 周边长平均值

S —— 燃烧产物在温度 T,压强 p 状态下总熵

S_e —— 燃烧产物的熵

$S_{g,T}$ —— 气相产物的熵

$S_{c,T}$ —— 凝聚相产物的熵

t_a —— 工作时间

t_b —— 燃烧时间

T_c —— 定压燃烧温度

T_k —— 喷管出口温度

u —— 燃速

u_e —— 燃气在喷管出口处速度

u_1 —— 燃速温度系数

U_T —— 温度为 $T(^\circ K)$时,1kg 推进剂燃烧产物总内能

v —— 燃气流速

v_{lj} —— 临界流速

V_P —— 装药体积

V_C —— 燃烧室容腔容积

W_p —— 推进剂质量

X —— 1/2 槽宽

Γ —— 为气体常数

ξ_1 —— 比冲效率

ξ_c——燃烧室效率

ξ_N——喷管效率

α——通气参量

α_1——综合通气参量

α_{1j}——为临界通气参量

$\alpha_内$——内通气参量

$\alpha_外$——外通气参量

α_o——总通气参量

θ——星边夹角;轮臂角

ε——角度系数;侵蚀比

ξ——截面装填系数

ξ_V——体积装填系数

ζ——装填密度

$\delta\%$——所选包覆材料的线性烧蚀率

μ——吸收系数

$\mu_水$——水的吸收系数

$\mu_{空气}$——空气的吸收系数

纤维缠绕复合材料符号

A——1束纤维的横截面积

D——薄壁圆筒直径

D_θ——螺线缠绕层所占圆筒部位的直径

f——每束纤维的断拉力

L_X——1g质量纤维的长度

J——纵向缠绕总循环数

K——环向缠绕总层数

m_g——选定支数的纤维质量

M——每个循环(J)螺旋缠绕中,两层的总纱带数

m——环向缠绕层纱带密度

N_2——螺旋缠绕中,每条纱带的纤维束数

N——纤维股数

N_1——环向缠绕层中,每条纱带的纤维束数

P——圆筒承受的内压

r——封头曲面上平行圆半径

R_{t}——r 处的主曲率半径

R_{L}——r 处的第二曲率半径

S——纤维的抗拉强度

S_{n}——壳体环向应力

S_{L}——壳体轴向应力

S'_{n}——环向缠绕纤维应力

$S_{\theta\mathrm{n}}$——螺旋缠绕纤维应力的环向分量

$S_{\theta\mathrm{L}}$——螺旋缠绕纤维应力的轴向分量

S——1 束纤维的拉伸应力

t_{n}——环向缠绕纤维层厚度

t——薄壁圆筒环壁厚

t_{L}——圆筒段纵向缠绕层厚度

t_{θ}——圆筒段螺旋缠绕层厚度

θ——圆筒段螺旋缠绕角

θ_{e}——封头曲面上 r 处纤维与子午线的夹角

ρ_{x}——纤维的密度

推进剂及材料缩写

AP——高氯酸铵

AN——硝酸铵

BTTN——丁三醇三硝酸酯

BBP——苯二甲酸二丁酯

CTPB——端羧基聚丁二烯

CMDB——复合改性双基推进剂

DEGN——硝化二乙二醇

DNP——苯二胺

DINA——吉纳

DEP——苯二甲酸二乙酯

DOP——苯二甲酸二辛酯

HTPB——端羟基聚丁二烯

HMX——奥克托今

NG——硝化甘油

NC——硝化棉

NEPE——高能硝酸酯增塑聚醚

PS——聚硫橡胶

PVC——聚氯乙烯

PU——聚氨酯粘合剂

PBAA——聚丁二烯丙烯酸

PEG——金属有机聚合物(聚乙二醇)

RDX——黑索金

TMETN——三羟甲基乙烷三硝酸酯

TEGDN——三乙二醇二硝酸酯

TA——甘油三醋酸酯

XLDB——交联改性双基推进剂

术 语 说 明

1. 适用压强范围

是指推进剂的综合性能得到充分发挥的压强范围。常指装药技术要求中，需能满足装药弹道性能指标参数要求的压强范围。

2. 组合装药

是指采用不同燃速推进剂和不同药形，不同燃速推进剂和相同药形，相同燃速推进剂和不同药形相组合的整体装药。该装药在单一的燃烧室内燃烧，可产生多级推力。

3. 分立组合装药

是指由多级推力组合装药与单级推力装药分别独立组装的装药。该装药在单一的燃烧室内燃烧，可产生多级推力。

4. 等截面药形

是指药柱横截面的形状及截面面积沿药柱轴向不变的药形。该药形药柱可采用螺压工艺成形。

5. 变截面药形

是指药柱的横截面形状及截面面积沿药柱轴向按一定规律变化的药形。该药形药柱需采用浇铸工艺成形。

6. 装填设计

是指发动机设计中，对装药装填结构和装填性能进行的设计。

7. 装填结构设计

主要是围绕装药的安装与定位，装药的缓冲、密封、尺寸和温度补偿等结构进行设计，使装药满足发动机各种受力要求。

8. 装填性能设计

指对装药装填性能进行合理的设计，在保证所需装药量的条件下，将发动机装填参量设计在合适范围内。

9. 装填参量

主要指发动机装药的容积装填密度、通气参量（α 值）、喉通比（J 值）、综合通气产量（α_1 值）。

10. 高装填密度装药设计

高装填密度装药设计，也属于装药装填性能设计的范畴。在燃烧室有效的容积内，通过装药设计，使发动机的装填密度最大。

11. 饱和设计状态

指高装填密度装药设计中，发动机的装填密度接近临界值，或通气参量接近推进剂的临界值，将这种装填设计状态称饱和设计状态。

12. 相关性设计

指装药燃烧面积随燃层厚度的变化及所选推进剂燃速随压强的变化，与燃烧室压强随燃烧时间变化的相关性，通过相关性设计使发动机推力随时间变化符合推力方案要求。

13. 推进强度

将推进剂燃速与装药药柱燃烧面积的乘积 $u \cdot s_b$，称为推进强度，是改变和影响发动机推力大小最活跃的组合参数。

14. 交付比冲

也可称密度比冲，是指推进剂比冲与推进剂药柱密度的乘积 $I_{sp} \cdot r_p$。交付比冲越大，发动机推进效能越高。

15. 质量比

是指固体推进剂发动机（或推进装置）装药药柱的质量与发动机总质量之比。

16. 冲量质量比

是指固体推进剂发动机（或推进装置）推力冲量与发动机总质量之比。

17. 推力质量比

指固体推进剂发动机（或推进装置）平均推力（最大推力）与发动机总质量之比。

18. 推力比

是指单室多推力发动机各级间平均推力之比。一般，以续航级或推力最小的那一级平均推力为1，其他各级平均推力与这一级平均推力之比，为相应各级的推力比。

19. 最大推力比

指平均推力最大的那一级与平均推力最小的那一级平均推力(一般是续航级)之比,该参数所表征的性能只是多推力发动机推力容量的大小,属于设计参数,不是表征发动机推进效能高低的设计质量参数。

20. 临界推力比

单室多推力发动机的续航级或最小推力级,燃烧室低温下最小压强接近续航推进剂的临界压强,而发射级高温最大压强接近发射级推进剂适用压强的上限,该发动机的最大推力比已达到最大值。将该推力比称为临界推力比。

21. 带药缠绕

是指纤维缠绕工艺中,以装药为缠绕模芯,或模芯的一部分,在装药包覆层外成形一层隔热层后,进行纤维缠绕,构成与装药一体的复合材料发动机壳体。除贴壁浇铸装填形式外,是装药与发动机壳体无间隙装填的另一种装填形式。

22. 特种装药

是指用于特殊用途发动机的固体推进剂装药。发动机的结构形式,药形结构及提供动力推进形式与导弹发动机通用装药都有较大的差别。

概　　述

固体动力推进系统,采用固体推进剂装药作为系统的动力源, 在军事和非军事领域已有广泛使用。如航空领域,常用于机载武器、靶机助推、航弹侵彻、座椅弹射、快速启动等;航天领域,常用于动力推进、姿态控制、反向动力、安全分离、启动点火等;兵器领域,常用于战术导弹、无控火箭、炮弹增程、雷达干扰、火箭布雷等;水下工程,常用于动力推进、水下发射、干扰动力、远程探测、海域布雷等;民用领域,常用于高空探测、驱雹降雨、海上救生、水下探测、消防灭火等。

战术导弹采用固体动力推进系统更为普遍。该系统与液体发动机或冲压发动机相比,具有结构紧凑、使用方便、设计灵活、功能强、成本低等优点,导弹产品的"性价比"较高。

固体动力推进系统的工作原理:都是通过固体推进剂装药燃烧,使推进剂的化学能转化为燃烧反应后的热能,再转化为排出燃气的动能,进而产生推力。虽然固体动力推进系统都是根据这种反作用原理设计而成,但因动力形式不同,结构形式不同和要实现的功能不同等,对动力推进系统固体推进剂装药的技术要求也不同。

固体推进剂是提供动力的能量基础,选用性能优良的固体推进剂,是实现推进效能的可靠保证。固体推进剂的种类很多,通常分为复合推进剂和双基推进剂。复合推进剂又分为普通复合推进剂和改性复合推进剂;双基推进剂又分为普通双基推进剂、改性双基推进剂和交联改性双基推进剂。而 NEPE 推进剂则是集复合推进剂和双基推进剂两者优点于一身的一种新型推进剂。将推进剂药柱和阻燃层(也称包覆层),按技术要求制成的单根或多根成品装药,经缓冲和补偿件定位于燃烧室内,或将推进剂料浆浇铸在预制好阻燃和隔热层的燃烧室内,单独或组合构成固体推进剂动力推进系统,就可为火箭及导弹发射、飞行或启动其他功能提供所需能量。

在选择合适推进剂的基础上,根据动力推进的不同设计要求,设计合适的装药药形,制备出满足环境和功能要求的装药,是固体推进剂动力推进系统设计的关键,也是该动力推进系统设计的主要内容。

在装药设计中,装药技术要求中的指标参数,包括弹道性能、推进剂性能、结构性能、环境适应性、安全性和储存性能等技术参数,是装药设计的依据,构成所设计装药的设计输入;以推进剂性能参数和相关结构参数为设计常量,以满足指标参数要求的性能参数结果数据为设计输出。通过装药设计计算,追求最佳设计变量和设计常量的组合,获取符合设计要求的最佳输出结果,才能使动力推进系统有较好的综合性能,满足动力推进系统的要求。

工程设计要注重所设计装药产品的实用性。在方案可行的前提下,要使设计的装药逐步达到产品性能指标,并经过性能考核,才能证明装药方案可行。根据装药技术要求,通过对装药的初步设计和详细设计,有时还需根据实测性能,反复修正和校核计算才能完成。

所以,经各研制阶段的试验考核,并以试验结果数据为依据,证明装药性能全面满足装药技术要求,是装药设计的最终目的。

在设计计算中,常使用比冲和密度表征推进剂的能量特性,使用燃速和压强指数、压强温度敏感系数(常简称压强温度系数)表征推进剂的燃烧性能。在完成推进剂选择、确定推进剂主要性能参数和装药药形后,要根据推进剂性能和各项药形参数,进行动力推进系统内弹道计算和性能计算。通过计算,最终给出装药燃烧面随燃层厚的变化曲线,在适用压强范围内,根据实测燃速随压强的变化曲线,计算出压强随时间的变化曲线,即内弹道曲线。

进行内弹道曲线和参数计算的目的:一是为发动机壳体强度设计和校核,连接强度设计和校核等提供承载参数;二是通过内弹道计算,获得发动机推力随时间变化的逐点数据,绘制推力变化曲线,也称推力方案,为导弹外弹道设计和控制方案初步设计计算提供所需发动机性能参数。对导弹来说,发动机推力方案也是确定导弹制导方案所必备的数据之一。

装药设计成功与否,首先要看所选用的推进剂性能,所设计的装药燃烧面变化规律能否使三条曲线,即燃烧面随燃层厚的变化曲线、推进剂燃速随压强变化曲线、压强随燃烧时间的变化曲线,具有良好的相关性。其次要看推力随时间变化曲线,是否满足导弹总体对发动机推力方案的要求。最后要看所设计的装药能否满足动力推进系统使用环境要求。

总之,在装药的工程研制中:方案阶段,技术方案可行;初样阶段,性能满足要求;正样阶段,各项性能稳定;鉴定阶段,全面满足指标。这是评定装药设计成功的主要标准,是装药设计的最终结果。

第1章　装药技术要求

固体推进剂装药设计前,要对导弹总体提出的"发动机设计技术要求"进行分析,根据与装药各项性能相关的要求,制定"装药技术要求",为推进剂选择、性能确定和装药成形工艺选择提供依据。不论是采用新研制的推进剂装药,还是采用已有推进剂基础配方的推进剂装药,都要对所用推进剂的性能和成形工艺进行深入的调研和分析,在具备符合设计所需的各项性能参数后,即可进行装药设计初步设计计算。根据计算结果,完善并确定装药技术要求中推进剂性能参数的量值。

推进剂性能和装药成形工艺条件,是保证装药性能的基础。一般包括装药结构和成形能否实现,推进剂弹道性能和燃烧性能实测数据,推进剂药柱力学性能数据,推进剂安全性数据,以及对工作温度、环境条件适应性和长期储存性能等有关数据,是否能符合发动机性能、工作和使用条件要求。对装药有特性要求和特殊功能要求的,还要重点分析在装药设计上实现的可能性。

所以,编制好"装药技术要求"是装药设计的重要环节。要针对不同类型装药,编制不同内容的技术要求。

1.1　推进剂主要性能要求

1. 比冲

比冲(I_{sp})是在装药技术要求中提出的推进剂能量指标参数。根据所选推进剂的不同类型,提出不同的能量参数要求。

2. 燃速

燃速(u)是推进剂的燃烧性能参数,一般指线性燃速,是影响工作时间长短和推力大小的重要性能参数。也要在装药技术要求中给出指定压强下的参数值。

3. 压强指数

压强指数(n)是反映推进剂燃烧规律的参数,在装药技术要求中,提出适用压强范围内的参数要求。推进剂燃烧速度随燃烧室压强而变,常用均点压强下所测得的燃速值,采用数学拟合方法,将燃烧规律表征为数学公式的形式。n是指数燃速公式中压强P_c的指数。

当燃烧室内出现各种扰动时,该参数值的大小会影响压强扰动的大小。

4. 压强温度敏感系数

在高低温工作温度范围内,压强温度敏感系数(α_P)影响发动机高低温弹道性能参数散布的大小,该参数越小,高低温弹道性能参数散布越小,有利于弹道控制。在装药技术要求中,要提出对该参数的数值要求。

5. 密度

不同类型推进剂的密度(ρ_P)不同,常将发动机比冲与推进剂密度的乘积值,称为发动机产品交付比冲(也称密度比冲),显然,密度越大,交付比冲值越高。

6. 推进剂适用压强范围

推进剂的适用压强范围,是指推进剂的综合性能得到充分发挥的压强范围。装药设计若选用现成的推进剂,燃烧室确定的高低温压强要选在推进剂的适用压强范围内;装药设计若采用新研制的推进剂,或需要对原推进剂加以调整的,要对研制的推进剂压强适用范围予以规定,以便使装药的综合性能更好。燃烧室高低温压强范围应在推进剂的适用压强范围内,并且该压强范围尽量小。

1.2　装药结构性能要求

根据发动机或其他动力装置总体给定的装药径向和轴向尺寸,分配给动力系统总质量、装填装药容积的形状、装药的弹道性能参数和燃烧方式等,确定出装药的类型和结构形式。一般应包括:

（1）根据发动机总体要求确定装药的直径、长度和结构形状;

（2）根据总推力冲量要求估算推进剂药柱质量;

（3）根据总体对发动机的性能要求,确定装药燃烧方式和装填结构,包括端面燃烧、内侧面燃烧、内外侧面同时燃烧、局部限制(阻燃)燃烧等装药结构;

（4）根据装药工作时间要求和所选推进剂在使用压强下的燃速,确定装药的燃层厚度,连同药形尺寸一起给出装药结构图;

（5）根据受力分析和估算结果,确定装药在燃烧室内固定、缓冲、尺寸及温度补偿的结构形式,与装药受力相关的结构、装填形式等,要在装药技术要求中予以明确。

1.3　装药弹道性能要求

"发动机设计技术要求"中规定的弹道性能要求,一般包括对发动机或动力推进系统的推力方案、多推力装药推力级数、平均推力、工作时间、特定时间点上的最大或最小推力、初始推力冲量等。当推力装置的功能需要时,还需要限制燃烧室的最大工作推力(压强),或需保证最小推力(压强)值不低于要求值。也会因发射或快速启动的需要,对点火启动延迟时间和初始推力冲量提出要求。相关内容主要有:

(1)平均推力参数范围或推力方案;

(2)低温下推进剂装药的推力冲量;

(3)给定时间点的推力值(压强值);

(4)初始推力冲量;

(5)为控制性能参数散布,常对初始高温最大推力和低温最小推力提出限制;

(6)为快速启动的需要,推进剂易点燃性要好,可配合药形设计,提出点火延迟时间要求。

上述各项弹道性能要求,要通过发动机和装药设计来实现,也与推进剂性能要求密切相关,有些弹道性能要通过推进剂性能的调制来保证,在推进剂性能参数满足装药弹道性能要求后,才能最后成为装药弹道性能的检验参数。因此,要在装药技术要求中,给出弹道性能参数数值范围要求。一般,在推进剂工艺放大阶段或大批量投产前,要用装药技术要求中的推进剂各项性能指标参数,检验和评定推进剂的性能,经产品发动机各种系统性试验证明,推进剂的各项性能均能满足弹道性能要求后,即可通过推进剂工艺评审,并具备批量投产的条件。在产品发动机通过初样机质量评审后,就可以采用等效转化为产品样机弹道性能指标参数来检验装药的性能。对于采用弹道评定发动机或厚壁试验发动机对装药作检验与验收时,也要依照产品样机的弹道性能指标来进行等效转化。

1.4 推进剂燃烧性能及装填性能要求

推进剂的燃速、压强指数及临界通气参量等参数,是直接影响发动机弹道性能、工作稳定性和发动机装药量的重要性能参数。

(1)在规定的温度和压强下推进剂的燃速;

(2)在工作温度和使用压强范围内的压强指数;

(3)在工作温度范围内的压强温度敏感系数;

(4)对侧面燃烧的装药,要提出许用(或临界)通气参量值的要求;

(5)对低压工作的发动机,推进剂低温工作的临界压强。

1.5　推进剂药柱力学性能要求

在导弹产品搬运、运输和挂飞中,在导弹的发射和飞行中,以及在昼夜、季节的高低温环境温度骤变中,都会使装药受到各种应力。装药的力学性能要满足上述受力要求。对贴壁浇铸工艺成形的装药、复杂药形装药、薄燃层药形、长细比大的装药、承受高过载的装药等,都需要对力学性能给出参数要求。装药在燃烧室内的固定方式、尺寸和温度补偿、装药缓冲设计等,也要根据装药的力学、物理性能参数进行计算和设计。一般应包括:

(1) 对贴壁浇铸成形的装药,低温延伸率要满足要求,以避免在界面间由于固化收缩或温差变形,产生破坏。对此常采取人工脱粘或悬空结构(第4.6.4节)等措施,防止贴壁浇铸装药固化时药柱收缩引起的药柱应变,撕裂接合面。

(2) 对承受发射、飞行的高过载,药柱的抗压强度和抗压弹性模量要满足要求,以保证在发射及飞行过载的作用下,装药不被破坏。

(3) 对薄燃层药形装药、多根"毛刷式"装药等,高低温下药柱的抗拉强度和抗拉弹性模量要满足要求,以保证装药在燃烧中结构完整。

(4) 对复杂药形装药、半封闭式药形组合装药等,除在结构设计时,要根据危险部位受力分析和必要的试验结果,对推进剂和装药的高低温强度和延伸率提出要求。

(5) 对变截面形面的过渡处,因受药形尺寸限制,难以实现圆滑过渡的,药柱抗拉强度和低温延伸率要满足要求,以避免药柱由于温差影响,引起的变形不协调,使药柱过渡处产生过大的应力集中而产生裂纹。

当通过推进剂配方设计来满足特定力学性能要求时,常常对推进剂的弹道性能产生不利影响,要综合协调各种性能要求,实现各项指标参数相协调的最佳性能组合。

1.6　装药安全性能要求

安全性设计,除需满足火工品安全设计规范外,主要是指产品的使用安全和储存运输中的安全。这些安全性设计要在装药工程设计和装药配方设计中予以保证,并在"装药技术要求"技术文件中有明确的规定。一般应包括:

(1) 推进剂药柱的撞击感度;

(2) 推进剂的摩擦感度;

（3）装配、仓储及工作温度环境条件下的最低点燃温度；

（4）接触化学溶剂的限制；

（5）特定环境中防静电、防射频要求。

1.7 装药可靠性设计要求

装药可靠性要求，主要指装药的点燃可靠性、推进剂燃烧稳定性、所提供功能的可靠性、装药结构的完整性等。一般应包括：

（1）对贴壁浇铸装药，推进剂药柱与壳体粘结强度和延伸率，要满足装药受各种载荷要求，并制定可靠性指标参数和检验方法；

（2）对侧面包覆的内孔燃烧自由装填装药，要求药柱的抗拉强度及弹性模量，及装药包覆的工作可靠性要满足要求，也要提出可靠性指标参数和检验方法；

（3）对组合装药不同推进剂界面结合的可靠性要满足要求，提出界面检验参数和方法。

1.8 环境适应性要求

环境适应性要求，主要包括工作温度和使用环境要求。除需按照相应的标准，导弹总体提出的《环境试验条件》执行外，对需满足特殊环境要求，而这些要求又直接影响性能的，也要在装药技术要求中作出规定。一般应包括：

（1）对带药进行纤维缠绕成形发动机壳体的装药，由于工艺环境温度较高，要求推进剂药柱在规定的工艺温度范围内，有足够的刚度和强度；

（2）装药燃烧排出产物对发射场地环境或设备会产生污染，或影响设备使用，要结合导弹对装药燃烧烟雾特性要求，对燃烧和排出产物提出限制要求，如排出燃烧产物的烟雾特性要求，排气羽流对制导信号透过率要求；

（3）对于肩扛便携式导弹用推进剂装药，除需配合发动机设计提出降低噪声要求外，应对排出烟焰热辐射强度和光照强度提出限制性要求。

除了对推进剂的性能，装药各项性能要求以外，装药技术要求中还包括对装药包覆的要求，对装药成形的质量控制要求和检验要求等，这些要求内容将在本书相应的节、段中予以叙述。

总之，装药技术要求是装药设计和研制的依据性文件，准确合理制定好该文件，是装药设计的首要内容。经装药研制过程中的不断修改、完善，最终将成为编写"装药制造与验收规范"的依据。

Chapter 2

Choice of propellant

第 2 章 推进剂的选用

要使选用的推进剂各项性能满足装药技术要求,就要分析所要设计的装药属于哪种类型,掌握所选择推进剂的性能、成形工艺和使用状况。再根据发动机设计技术要求进行分析和选择计算,依据所设计的装药药形、推进剂性能和使用情况,确定合适的成形工艺,恰当地使用所选择的推进剂。

2.1 装药类型分析

首先,对所设计的装药属于哪种类型要进行分析。

由于动力推进系统的推力方案、动力推进方式不同,装药为导弹或推进器提供的动力推进功能不同,用于固体动力推进系统的装药类型也不同,装药的设计、推进剂性能的确定以及药形选择也就不同。做好所设计装药的类型分析,对选择好药形和准确确定推进剂的性能十分重要。

2.1.1 发射助推型装药

这种类型装药多用在短燃时大推力的动力推进形式,一般选择适合高压下(20MPa~30MPa)工作的高燃速推进剂;常选择具有较大燃烧面的药形。如选择薄燃层厚的多根药柱的装药、多根锁形装药、车轮形药形装药等。

工程应用时,常追求动力推进系统具有较大的推力质量比(最大推力与推进装置总质量之比),或较高的初始推力冲量。

2.1.2 飞行动力型装药

这种类型装药常采用具有较高推进效能的推进剂,要求在燃烧室中等压强下(10MPa~20MPa)使用,一般选择具有高密度和高比冲的推进剂,常采用高装填密度装药设计。由于推力要求适度,药形的选择和设计范围较大,内孔燃烧药形的装药自身具有良好的隔热性,热损失相对较小,一般,这种装药推进系统的推进效能都较高,普遍被采用。

应用时,常追求动力装置具有较高的质量比(装药药柱质量与推进装置总质量之比),和较高的冲量比(推进装置总冲量与总质量之比)。

2.1.3 长时间续航型装药

这种类型装药常采用实心端燃药柱,一般装药的工作时间较长,常在10s~20s时间范围内,有的长达200s~300s,持续为导弹或飞行器提供续航动力。除推进剂要具有稳定的燃烧性能外,装药包覆的可靠阻燃和隔热密封等配套设计也尤为重要。多选择适于低压(2MPa~10MPa)下工作稳定且比冲高的推进剂。也有的对续航动力推进的推力要求较大,需采用低压下具有较高的燃速推进剂,或采用镶嵌金属丝的端面燃烧装药,在端面燃烧药形燃面一定的条件下,可增大燃烧面积,并以推进剂的高燃速满足较大的推力要求。

应用时,常追求该动力推进系统具有平稳的工作特性、较好的能量发挥,以及较高的工作可靠性。

2.1.4 多推力组合型装药

这种类型装药常采用不同燃速和不同药形相组合的装药形式,这种组合装药的动力装置,可实现用单一燃烧室发动机,为导弹或飞行器提供多级推力方案。一般发射级和增速级选用高燃速推进剂,续航级则常选用低燃速推进剂。

从目前国内外产品使用情况看,有的装药采用侧面分层组合,就是在沿燃层厚度方向,用不同侧面燃烧药形和不同燃速推进剂相组合,以这种两层或多层不同推进剂的装药,实现双推力或多推力的装药形式;也有采用分段药柱相组合的装药,现有的组合装药中,分前后两段的型号较多,有的两段药柱药形相同,推进剂的性能不同;有的两段药形不同,推进剂性能也不同;有的采用端面阻燃层将两段药柱粘接在一起,以侧面包覆将两段药柱同轴组合成形,形成双推力组合装药;有的是采用内孔侧燃药形与端面燃烧药形相组合,并选用不同性能的推进剂,采用浇铸工艺将两级推进剂浇铸在一起,形成组合药柱,将侧面包覆后组成双推力组合装药;还有的采用内孔不同燃烧面的药形与端面燃烧药形相组合,经侧面包覆后,形成三推力或四推力组合装药。这些组合装药,都是装填在单一燃烧室内燃烧,构成单室多推力推进系统。该系统不仅使导弹的结构紧凑,消极质量减小,重要的是用一台发动机,可为导弹提供发射、增速、续航或飞行末端加速等多种动力,可有效减小质量,提高了导弹的飞行效能。

应用时,除追求具有较高的能量特性外,通过选用不同燃烧性能的推进剂和药形设计,以实现动力推进系统具有灵活的多推力方案选择。

2.1.5 冲压补燃型装药

这种类型装药主要用于固体推进剂冲压发动机,所选用的推进剂为富燃料类型推进剂,推进剂的燃速也较低,工作时间较长。这种发动机主要是通过飞行器高速飞行时,由进气道进入的空气进行补燃,从而获得较高的推进效能。对不同的补燃要求,推进剂氧系数的调整应较方便。

应用时,除追求具有较好的稳定燃烧特性外,应在低压下有较好的混合燃烧性能。

2.1.6   燃气发生器型装药

这种类型装药常用于燃气发生器的装药,多为端燃实心药形,燃烧后长时间生成燃气,为执行机构的动作器提供气源或微动力,如用于陀螺驱动等。

应用时,一般追求推进剂的燃烧产物中固体含量要低,排出残渣少;包覆的阻燃性能及耐烧蚀性能要好,少烟少残渣。经过滤装置过滤后,提供的气源或微动力应稳定、清洁。推进剂低压下燃烧的稳定性要好。

2.1.7   耐高过载型装药

这种装药常用于火炮发射的火箭或导弹产品的发动机,发动机结构设计,除了要充分考虑药柱支撑、固定结构和装药缓冲结构,使药柱具有较好的抗过载条件外,选用的推进剂药柱也要具有满足要求的抗压强度和弹性模量,以使这种装药具有较高的抗过载能力。

应用时,一般追求推进剂药柱在低温下具有较高的弹性模量,也称高弹性推进剂装药;另外,在满足弹道性能要求条件下,尽量设计大燃层厚的药形。

2.1.8   适用于低压燃烧类型装药

近年来,单室双推力、三推力或多推力装药,在中小口径的火箭和导弹产品上被应用,为了保证推力方案具有较高的最大推力比,其中装药的续航级常采用端燃药形。由于发动机喷管采用各级共用,喷管喉部直径的确定要兼顾各级参数,在续航级推进剂满足低温临界压强要求条件下,常选择较低的续航级工作压强,以利于高推力级装药工作时,燃烧室压强不至于过高。

应用时,一般追求推进剂药柱在低温下具有较好燃烧稳定性,有较好的能量特性。

2.1.9   大长细比类型装药

这种装药由于其长度大而直径小,在满足足够的推力冲量时,发动机燃烧室的内通气截面或外通气截面都较小;要保证发动机有足够的推力时,装药的燃烧面也较大。这种装药常带来的问题是通气参量过大、初始侵蚀燃烧明显的问题。

应用时,追求推进剂具有较高的临界通气参量,在装药设计时,选择和确定合适的药形参数,充分做好各项性能的相关性设计,以很好满足装药技术要求。

2.1.10 脉冲动力型装药

这种类型装药常用作脉冲发动机或多次启动发动机的装药。要求推进剂具有良好的点燃性、较低的压强温度敏感系数和压强指数,以满足各脉冲的周期和幅度一致性要求。

应用时,一般追求推进剂具有稳定的燃烧性能。

2.1.11 贴壁浇铸型装药

为增加发动机的装药量,常采用复合推进剂、NEPE 推进剂或交联推进剂贴壁浇铸(或称壳体粘结)成形工艺,制成与发动机壳体无间隙的,并与燃烧室壳体为一体的装药形式,这种装药的装填方式,对增加大尺寸发动机装药量的效果更加明显。

应用时,一般追求推进剂有良好的低温延伸率,较好的高温抗拉强度等力学性能。

2.1.12 适于特殊发动机结构的装药

这种装药常在特种用途发动机上使用。如球形发动机、锥形装药发动机、环形装药发动机等。除要求推进剂有良好的燃烧性能外,成形工艺性能要好。

应用时,一般追求推进剂具有良好的性能和成形工艺性。

2.2 推进剂使用状况分析

确定推进剂的性能,要根据装药技术要求进行。首先要对所掌握的推进剂性能和使用状况进行分析,一般分以下几种情况。

2.2.1 定型生产的推进剂

经装药药形设计和调整,这类推进剂就能满足装药技术要求,这是最好的

选择。

2.2.2　配方鉴定过的推进剂

这类推进剂虽未经产品应用,但已具备较好的技术基础,有较系统的性能数据,经试验和测试验证的配方,并经技术鉴定所认可。若推进剂性能接近设计要求,或经装药药形设计和调整,可较快满足装药技术要求,也是一种较好的选择。

2.2.3　改变单项性能的推进剂

对已生产设计定型的推进剂的某一单项性能加以改变,如燃速增加或降低、比冲的少许提高、降低压强指数或压强温度系数等。通过对某一基础配方作微量调整,即可满足装药设计要求。选择这种推进剂,也会降低研制成本和研制周期。

2.2.4　更换装药的推进剂

这是属于改进发动机性能的装药设计。一般通过选用能量特性好的推进剂,以提高导弹或其他动力装置的性能。常在武器更新换代时,或提高武器射程或增加战斗部的威力时采用。

这种装药的设计在已确定的容积内进行,通过改变药形或尺寸等,来协调由于能量参数提高而带来的其他性能参数的超标,从而满足更换装药后发动机的设计要求。

2.2.5　按装药技术要求研制新型推进剂

这类推进剂的研制,往往需从配方设计入手,根据装药技术要求中各项性能要求,开展各阶段研究,并随发动机产品进行各阶段性能考核和技术评审,最终随导弹产品设计定型。这种选择存在发动机研制、推进剂配方调试和装药成形互相制约的情况,研制周期较长。

2.3　推进剂的组成

推进剂由各种不同组分组成。因使用要求和推进剂的种类不同,推进剂的组成也有所不同。各组分的性质和它在推进剂中所起的作用,是决定推进剂性能的重要因素,根据各组分在推进剂中所起的作用,将其分为粘合剂、氧化剂、增塑剂、高能燃烧剂、固化剂、交联剂、偶联剂、燃烧催化剂、燃烧稳定剂、安定剂和工艺添加剂等。

为更好使用推进剂和进行装药设计,分析组分改变或配方变化对推进剂性能的影响,装药设计人员了解和掌握所用推进剂各组分的作用是十分必要的。

2.3.1 粘合剂

粘合剂是一种将其他组分粘结在一起的物质,使固体推进剂药柱具有一定的机械性能。它也是推进剂的主要燃料来源。其燃烧产物是碳、氢、氮的氧化物。

1. 用于双基推进剂的粘合剂

硝化纤维素(硝化棉,NC)。它是双基、改性双基推进剂的粘合剂,也是推进剂主要能量供体。在 NEPE 推进剂中可作增强剂,用于改善力学性能。

2. 用于复合推进剂的粘合剂

(1)聚硫橡胶 PS;

(2)聚氯乙烯 PVC;

(3)聚氨酯粘合剂 PU;

(4)聚丁二烯粘合剂,目前常用的有端羟基聚丁二烯(HTPB)。

3. 新型粘合剂

新型粘合剂是指近年发展使用的粘合剂,这些粘合剂本身的能量并不高,但它能和高能氧化剂和高能添加剂很好地相容,从而使推进剂的比冲提高。包括氟碳粘合剂、富氮富氢粘合剂、金属有机聚合物(PEG,聚乙二醇)等。

2.3.2 氧化剂

在固体推进剂中,氧化剂含量占有较大的比例,其作用是靠它提供燃烧时所需的氧,通过控制和选择合适的粒度和粒度分布,来调整燃速的高低,同时,它又在粘合剂的机体中起固定填料的作用,从而提高推进剂的力学性能。

选择合适的氧化剂,要求其有效含氧量要高,生成热要低,储存和运输的安定性要好。常用的氧化剂有以下几种:

(1)高氯酸铵(AP);

(2)硝酸铵(AN);

2.3.3　含能增塑剂

溶剂是用来对硝化纤维素进行塑化的组分,也是用来保证工艺成形的物质。常用的含能增塑剂有:

(1) 硝化甘油(NG),普遍被用作主要增塑剂,以改善推进剂力学性能;

(2) 硝化二乙二醇(DEGN);

(3) 三羟甲基乙烷三硝酸酯(TMETN);

(4) 丁三醇三硝酸酯(BTTN);

(5) 三乙二醇二硝酸酯(TEGDN);

(6) 吉纳(DINA)等。

使用中根据需要,也可使用几种溶剂的混合溶剂。

2.3.4　辅助增塑剂

它与含能增塑剂合用,可增加对 NC 的增塑能力并减少 NG 的感度,也用来改善推进剂的物理性能和低温下的力学性能。

常用的辅助增塑剂有苯二甲酸二乙酯(DEP)、苯二甲酸二丁酯(BBP)、苯二甲酸二辛酯(DOP)、甘油三醋酸酯(TA)等。

2.3.5　固化剂

固化剂的作用是靠它的活性官能团与粘合剂其他组分的官能团发生化学反应,从而形成网状结构,使推进剂在一定温度下成为有一定力学性能的固体物质。

常用的固化剂有 2,4 - 甲苯二异氰酸酯、丙烯二酸等。

2.3.6　交联剂

交联剂的作用是将大分子链连接起来,形成网状结构,起交联作用。

常用的交联剂有三乙醇胺、丙三醇等。

2.3.7　偶联剂

其用量虽少(约 0.1%),但对提高推进剂的力学性能作用明显。偶联剂的种类很多,如醇胺类、多元醇类、有机硅氧烷类等。

2.3.8　金属燃料

在推进剂中加入金属燃料的作用是,利用它在燃烧时放出大量热量,以提高推进剂的燃烧温度,从而提高推进剂的比冲。

常用的高能燃烧剂有轻金属粉,如铝、镁等;轻金属氢化物,如氢化铝(铍、镁)等。

2.3.9　高能添加剂

主要是硝铵炸药,如奥克托今(HMX)、黑索金(RDX)和一些高氮化合物,用来提高推进剂能量,减少排出燃气的特征信号。

2.3.10　燃烧催化剂

燃烧催化剂是一种化学附加剂,该组分主要是对推进剂的燃烧速度起加速的作用。这种物质的使用特点是:它只是在推进剂燃烧建立的一定压强范围内起作用;而在另一压强范围可能起不到作用,甚至起相反的作用。

常用的有无机金属氧化物和有机金属氧化物。如,PbO,CuO,MgO,Co_2O_3;苯二甲酸铅,水杨酸铅,鞣酸铅,己二酸铜,二茂铁,碳硼烷及其衍生物等。

2.3.11　燃烧稳定剂

燃烧稳定剂的作用是消除燃烧中的声振不稳定燃烧,增加燃烧的稳定性。燃烧催化剂与燃烧稳定剂统称为弹道性能改良剂。

常用金属氧化物,有 Al_2O_3,MgO,$CaCO_3$,TiO_2,ZrO_2 等高熔点化合物。

2.3.12　安定剂

安定剂是用在双基、改性双基推进剂的配方中,其作用是防止推进剂储存中的分解和老化,延长储存年限。

常用的安定剂有中定剂、二苯胺、2 - 硝基二苯胺等。

2.3.13　防老化剂

复合推进剂,用于防止丁羟粘合剂双键老化断裂,以延长储存年限。

常用的防老剂有苯二胺(DNP)等。

随着含能材料的研究和发展,推进剂的组分将会出现高性能的新型材料,推进剂的性能也将得到不断提高。

2.4　推进剂种类的确定

固体推进系统常用的推进剂种类较多,有普通双基推进剂、改性双基推进剂、普通复合推进剂、改性复合推进剂、复合改性双基推进剂、交联改性双基推进剂和 NEPE 推进剂等。

2.4.1　各类推进剂的使用特点

选用推进剂要考虑它的使用特点。

1. 普通双基推进剂

普通双基推进剂属于均质推进剂,一般称双基(DB)推进剂。由硝化纤维素与硝化甘油为主要成分,再加入少量的添加剂组成。其中,硝化纤维素为粘合剂,硝化甘油为增塑剂,其他添加剂包括安定剂、燃烧催化剂、燃烧稳定剂和工艺添加剂等。

这种推进剂的优点是药柱质量均匀,燃烧性能较好,性能参数重现性好;排出气体少烟,有利于制导信号传输;螺压工艺成形的装药需采用自由装填装药设计,发动机壳体等零件与装药可异地并行制造,便于大批量生产。适用于中小直径动力推进系统使用。缺点是能量较低,密度较小。

2. 改性双基推进剂

改性双基推进剂是在普通双基推进剂的基础上改进性能后形成的推进剂,主要指含硝胺的双基推进剂。它以硝化甘油增塑的硝化纤维素为粘合剂,加入硝胺炸药黑索金、奥克托今、金属燃料及其他添加剂制成的推进剂。

这种推进剂的优点是能量和密度较双基推进剂高,因组分中不含高氯酸铵,该推进剂没有复合推进剂燃烧时的大量烟雾。有的改性双基推进剂可采用淤浆浇铸,造粒浇铸成形,有利于成形复杂药形,可满足多推力组合装药方案需要。有的改性双基推进剂,也可采用螺压工艺制成形,制成自由装填式装药,便于大批量生产。缺点是药柱强度和低温延伸率较双基推进剂药柱略低。

3. 复合推进剂

复合推进剂是以高聚物粘合剂(HTPB)为弹性基体,加有氧化剂(如高氯酸铵等)和金属燃料(如铝粉等)及其他添加剂混合而成,是一种多相混合物的异质推进剂。复合推进剂的能量高于双基推进剂,略高于改性双基推进剂。缺点是因压强指数和压强温度系数较大,高低温下的性能参数散布较大,排出燃气烟雾大。

4. 改性复合推进剂

改性复合推进剂是在普通复合推进剂中,加入高能炸药奥克托今或黑索金,金属燃料及其他添加剂制成的三组元(HTPB/AP/RDX)丁羟复合推进剂。因高氯酸铵的含量相应减少,燃烧时生成的烟雾要比复合推进剂少,推进剂的能量也较高,力学性能也得到改善。

5. 复合改性双基推进剂

复合改性双基(CMDB)推进剂是以硝化棉和硝化甘油为粘合剂,高氯酸铵为氧化剂,并适当加入奥克托今或黑索金、铝粉及其他添加剂所形成的不交联的固体推进剂。该推进剂具有较好的能量特性,适于贴壁浇铸工艺成形装药,也可采用自由装填形式的装药。

6. 交联改性双基推进剂

交联改性双基推进剂(XLDB)是在CMDB推进剂中引入交联剂而形成的一种交联固体推进剂,也可用硝铵炸药代替或部分代替高氯酸铵,既保持了CMDB推进剂的能量水平,又使其低温延伸率明显提高,适合采用贴壁浇铸工艺成形。已成为改性双基推进剂的一个新品种。

7. NEPE 推进剂

NEPE 推进剂使用硝酸酯增塑的聚醚聚氨酯作粘合剂,添加硝铵炸药(奥克托今或黑索金)和铝粉等,其固体含量高,能量高,力学性能也较复合推进剂有明显提高,是目前达到高新水平的固体推进剂。

根据上述各种推进剂的性能特点和使用特点,结合推进系统的设计技术要求,恰当地选择推进剂的种类,是推进剂使用和选择的重要方面。

2.4.2　各类推进剂药柱成形工艺的适用性

选择推进剂种类时,要考虑装药药形特点、结构和尺寸等,要与成形工艺相协调。

1. 对大量生产的装药

生产定型后要大批量生产的装药,且药柱为等截面的药形,内孔燃烧装药直径在200mm以下,或端燃实心药柱直径在150mm以下的,宜选择双基推进剂或改性双基推进剂,这些推进剂药柱可采用适于大量生产的螺压成形工艺制造。而更大直径药柱,因受螺压机功率和安全性的限制,目前还不宜选用。

2. 对大尺寸装药

直径超过200mm大尺寸药柱,宜采用浇铸工艺(含贴壁浇铸)成形。应选择浇铸工艺成形的改性双基推进剂、复合推进剂、CMDB推进剂、NEPE推进剂或XLDB推进剂等。直径超过150mm大尺寸端燃实心药柱,需采用浇铸工艺成形。

3. 对于复杂药形装药

两种以上药形和不同推进剂组合的药柱,需采用能浇铸成形的浇铸双基推进剂、浇铸改性双基推进剂、复合推进剂、NEPE推进剂或XLDB推进剂等。

总之,药形结构、尺寸及与成形工艺的协调性,是保证药柱成形质量的重要环节。

2.5 推进剂药柱成形工艺

对于装药设计者,了解推进剂药柱的成形工艺,对设计符合要求的装药十分重要。药柱的成形工艺主要有浇铸工艺和螺压成形工艺。

浇铸工艺又分淤浆浇铸(配浆浇铸)和充隙浇铸(造粒浇铸)。分别适用于复合推进剂、浇铸双基推进剂、改性双基推进剂、XLDB及NEPE改性推进剂药柱的成形。为选择合适的成形工艺,对药柱成形工艺的主要工序也应有所了解。

2.5.1 改性双基推进剂浇铸工艺

改性双基推进剂的浇铸工艺分造粒(充隙)浇铸工艺和配浆(淤浆)浇铸工艺。两种工艺差别较大,但其工艺过程有相同之处。其中都有"造粒"、"混合"、"浇铸"及"固化"等工序。在配浆浇铸工艺中的"造粒"工序,也有的称"制球"工序。

1. 造粒

由于硝化棉是疏松的纤维状材料,当它与液态增塑剂和溶剂混合时,因硝化棉的溶解速度很块,先接触增塑剂和溶剂的部分立即形成黏度很大的溶胶,这层黏稠的溶胶将阻止溶剂对内部硝化棉的溶解,造成溶解不均匀,无法与其他组分均匀混合。为了使硝化棉与硝化甘油及其他液态增塑剂均匀混合,就要控制其溶解速度。采用将硝化棉制成颗粒,这些颗粒与增塑剂接触后,能够缓慢而均匀地溶解,使浇铸期间的混合物有合适的黏度,这样就能得到均匀塑化推进剂药柱制品。

通过机械造粒法或制球法进行造粒。机械法制成直径与长度约等于 1mm 的小圆柱,呈柱状药粒,用于充隙浇铸推进剂药柱;制球法是用醋酸乙酯将硝化棉溶成漆状物,借助强力搅拌,在水介质中使漆状物分散成细小的"漆滴",这些"漆滴"呈球状,脱除溶剂即成球形药粒。按用途不同,所制球形药粒的尺寸也不同,可在几微米到几百微米,用于配浆浇铸推进剂药柱。

为了容易被增塑剂塑化溶解,"药粒"中含有一定量增塑剂,并含有多种组分。其中,对于充隙浇铸工艺的药粒,配方中所有固相成分,都只能加在柱状药粒中。对配浆浇铸工艺,为了获得良好的推进剂药柱性能,也常常将若干组分加在球形药粒中。

2. 混合

对配浆浇铸工艺,混合工序是要将所有液相组分及可溶于液相的组分混合在一起抽真空,除去水分和挥发分,制成混合液。混合过程是在捏合机(混合机)中完成的,是将"药粒"和其他固体组分与混合液在捏合机中混成均匀的浆状物,也称为药浆。混合时控制的工艺参数符合要求后,即可进行浇铸。

对于充隙浇铸工艺,混合和浇铸是同时进行的。先将柱状药粒预先装在浇铸模具中,再将增塑剂从模具底部吸入,充满模具内的药粒缝隙中。改性双基造粒浇铸工艺就采用这种浇铸方法。

3. 浇铸

改性双基推进剂装药,一般采用自由装填装药形式,需将推进剂料浆在模具中浇铸成药柱,因此,浇铸前需将模具按要求进行处理和装配,即可按步骤进行浇铸,不论是配浆浇铸或是充隙浇铸,都需保持一定的真空度,以防止空气进入药浆内,避免药柱内出现气泡。

4. 固化

浇铸后的固液混合物(药浆),在加热条件下硝酸酯渗入 NC 中塑化(物理固化)成固体药柱,无论是配浆浇铸或是充隙浇铸工艺,其固化机理、固化条件和设备是基本相同的。根据不同推进剂配方,确定其固化温度和固化时间。

5. 整形

常将固化成形脱模后的推进剂药柱称毛坯药柱,还需要按图纸要求整形或

经车加工,最终形成包覆前的药柱。

2.5.2　复合推进剂的浇铸工艺

复合推进剂药柱的制造过程,是在各种组分准备完并经分析和检验符合要求之后进行,这些组分包括氧化剂(高氯酸铵)、粘合剂(各种胶)、铝粉以及其他添加成分。除各项准备和检验分析工序外,后续工序还包括预混、混合、浇铸、固化、脱模与整形等。

1. 原材料准备

1）氧化剂

氧化剂的粒度、粒形及粒度分布,不仅直接影响推进剂料浆的流变性和力学性能,同时还影响燃速,因此,正确地确定氧化剂的粒度、粒形和粒度分布是氧化剂准备的主要任务。

2）粘合剂

将符合规格和技术要求的单批胶,经预热降低黏度后倒入罐中均匀搅拌。其中,预热温度和预热保温时间、搅拌温度、搅拌时间、搅拌次数等控制,是粘合剂准备的重要工艺控制参数。

3）铝粉

将符合规格要求的铝粉,经检验后放在干燥室存放,按工艺要求控制室内温湿度。

4）其他添加成分

这些成分包括固化剂、增塑剂、偶联剂、交联剂、抗氧化剂、防老剂等,有的需经小型试验,有的要经分析检验,合格后方可使用。有的使用前还需经烘干处理。

2. 预混工序

预混工序的主要任务是将粘合剂、增塑剂、高能添加剂及其他附加组分一起进行预混。主要是通过机械搅拌,使物料均匀,达到降低黏度的目的。目前燃料预混系统和设备,已达到能处理几种到十几种组分,这些组分的物理性质和范围可从液体到无定形的固体粉末。

3. 混合工序

复合推进剂是各组份的机械混合物,固化前它是具有一定流动性的药浆。

这种药浆的流变性,是影响浇铸后药柱成形质量的重要工艺控制参数。它取决于混合期间混合机的混合强度、抽空除气的程度、抽空除气的效率、各组分加料顺序以及混合机的大小等。

混合机是保证复合推进剂药浆混合质量的关键设备,将物料按既定加料方法和顺序加料进行混合,该设备保证各组分均匀一致,形成具有良好浇铸性能的药浆。

氧化剂(高氯酸铵)加入的方法,是将盛有高氯酸铵的加料器置于混合机上方,在混合机运转的情况下,采用振动的方式将其加入混合机中。氧化剂与混合流体经过充分混合后,加入剩下的组分,继续搅拌,直至成为均匀的具有流动性的药浆。

4. 浇铸工序

最常用的复合推进剂浇铸方法有以下几种。

1)插管浇铸法

插管浇铸是使推进剂药浆通过软管由顶端进入发动机的装药室内或模筒内。插管浇铸需用压强容器来推动药浆通过插管,用空气或氮气作驱动力工质。随药面升高,装置自动将发动机体(模筒)下降或使插管上移。这种浇铸法的缺点是药柱中的气孔不易彻底消除,药浆损耗较多。

2)真空浇铸法

真空浇铸是通过真空装置,在具有要求的真空度下,将药浆浇入发动机或模筒内。由于除气是浇药过程的一部分,因此,真空浇铸是控制药柱中气孔的有效工艺措施。

药浆的流变性对真空浇铸很重要。对复杂药形,要调整合适的药浆黏稠度,使药浆具有符合要求的流变性。此外,真空度的确定要有利于浇铸和排除气体。

3)底部浇铸法

底部浇铸是将药浆从底部压入发动机或模筒内。浇铸前,先除气并达到工艺要求。浇铸时,通常用一根软管或导管,把浇铸缸和发动机或模筒连接起来,将药浆从底部压入。

底部浇铸比从顶部进料的真空浇铸和插管浇铸的浇铸质量要好,特别对保证小直径发动机贴壁浇铸的质量控制等更有利。

4)气压插管浇铸

气压插管浇铸是将插管浇铸和真空浇铸结合起来的一种方法。它是将药浆从一个容器压入一根或多根插管,然后通过花盘进入处于真空下的一段刚性插管里。药浆通过插管的除气段落下,集结在刚性插管底部,也可部分埋入药浆内,在压差作用下,药浆便会流入待浇铸发动机或模筒内。

5)离心浇铸

离心浇铸是用压强把药浆送入旋转的待浇铸发动机或模筒中心部位,离心力将重的药浆推向发动机或模筒内壁,并同时挤出混入的空气,从而达到对药浆除气的目的。

5. 固化工序

推进剂固化,是在一定温度下,推进剂药浆中的粘合剂系统与固化剂完成化学交联。对于复合推进剂、XLDB、NEPE 推进剂、浇铸双基推进剂、改性双基推进剂、CMDB 推进剂而言,是通过固化剂作用完成固态溶胶的过程。

1)固化方式

浇铸在发动机或模筒中的复合推进剂,是一种多相黏稠药浆,为了获得良好的性能,需要在合适的设备和工艺条件下,采用适当的固化方式来完成固化反应,以制成性能稳定的推进剂药柱或装药。

(1)高温固化。这里所说的高温是指在浇铸温度以上至推进剂安全允许温度以下的温度范围。在规定的温度下,将浇铸在发动机或模筒中的推进剂在固化设备中加热保温。为了避免固化温度高、温差大,引起推进剂过大的应力和应变,常常采用分段固化法,即在不同固化温度下,分别固化一段时间,然后降至室温。例如,不饱和聚酯－苯乙烯为粘合剂的推进剂,采用三步固化,即在20℃、45℃、80℃下分别固化24h 就达到较好的力学性能。

(2)低温固化。这里所说的低温是指浇入发动机或模筒中的推进剂,在固化设备内,要在浇铸温度或该温度以下,保持一定时间来完成固化。这种固化方法可以获得无热应力或热应力极低的推进剂药柱。例如,某些丁羟推进剂装药就是采用这种固化方式。

2)固化设备

推进剂固化有各种各样的固化设备。例如,固化室、固化炉、固化坑和固化罐等。这些固化设备都是非标准化设备,其形状和大小由发动机或模筒直径、长度、推进剂品种、产量大小、生产周期长短等因素决定。

由于固化反应有时需在升高温度下进行,有时需在降低温度下进行,为保证装药的质量和性能,这些固化设备都配有可控制的升温系统和降温系统。

6. 脱模与整形工序

脱模是指发动机或模筒内推进剂固化后,拔出模芯和拆除模具工装的工序。脱模要在脱模设备上进行。根据发动机或模筒尺寸大小选择不同的设备和工装。

整形是对药柱端面进行整形。脱模后的药柱端面是凹凸不平的,为得到预计的药柱设计尺寸、质量和初始燃面,需要将药柱端面用机械加工的方法,加工成符合图纸要求的表面。整形要在立式或卧式整形机上进行,对小尺寸药柱,常用普通车床即可进行整形。

2.5.3　螺旋压伸成形工艺

该工艺适用于普通双基推进剂和改性双基推进剂自由装填药柱的成形。螺旋压伸工艺成形药柱需按规定的工序进行。

1. 配制吸收药工序

吸收药配制,是将双基药所含各种组分均匀地混合在一起,并彼此牢固结合。该工序主要包括三部分:①原材料准备;②吸收;③混同与熟化。该工序中也包括对固体组分的表面处理、各单项组分的准备,这些工艺操作和结果都按严格的规程、同一条件和要求进行,并要符合各项工序检验指标。

2. 药料驱水工序

吸收好的药浆中含90%的水分,在驱水等工序中要将水分除掉。驱水用驱水机完成。一次驱水将药浆中70%以上的水分除掉,二次驱水使药浆中的水分去除至5%～10%。在二次驱水后,药料在一定压强下经由驱水机的花盘孔时,被盘刀切成药粒,制成驱水后的"吸收药药粒"。将检验合格后的吸收药转压延工序。

3. 压延工序

如上述,驱水后的吸收药粒仍含5%～10%的水分,需要用较大的压强才能被挤出,这需要在沟槽压延机上进行。压延的另一目的是使药料塑化,因为药料中的水分减少后,才能使溶剂与硝化棉之间溶解能力增强,分子间结合力加大,使药料塑化,强度提高。压延的第三个目的,是使药料混合,以提高各组分的均匀性。

在压延过程中,新的药料不断从压延机中部加入,压延机辊筒上的药料受辊筒碾压不断向两侧移动,逐步塑化完全,并从工作辊两侧的成形孔中挤出,再通

过圆盘刀切成药粒,制成"压延药粒"。

4. 烘干工序

烘干工序在辊式烘干机上进行。辊筒倾斜一定的角度,筒内有纵向叶片,辊筒转动时药料被抄起,至辊筒上部落下。热风与药料逆向运动,将药料中的水分带走,达到烘干的目的。

5. 螺旋压伸工序

螺压工艺成形药柱,是将烘干后的"压延药粒"通过螺旋压伸机(简称螺压机)挤压成形。压延药粒进入螺压机前经烘干处理,使其达到一定的温度,至双基推进剂的玻璃化温度以上,使药料处于高弹态。进入螺压机后,药料经过强烈的剪切、摩擦使温度升高,药料又由高弹态转为黏流态。随着药料状态的变化,药料被挤出螺压机的螺旋挤压段进入模具内,并在模具内继续流动。

药料进入前锥体后,由于通道扩张,边界处的流速与中心流速很接近,进入后锥体后,流道截面减小,边界处的流速与中心流速梯度增大。进入定形体后,速度梯度明显增加,使硝化棉分子受到拉伸而定向排列,混合效果进一步增强,药柱的强度也随之增加,最后从定形体挤压出药柱,按长度要求切成螺压成形的药柱。

双基、改性双基的模具都由进料嘴、剪力环、卡环、前锥体(前端直径小而后端直径大)、后锥体(前后直径正与前锥相反)、模针及针架、成形铜套、成形铜套外的钢套、定位环及通水接嘴等构件组成。常将模针及针架、成形铜套、成形铜套外的钢套、定位环称为定形体,由模针及针架、成形铜套最后决定药柱的形面和尺寸。其中的铜套决定药柱外径,模针决定内孔尺寸和形面。压伸出定形体的药柱是连续的,药柱长度是根据装定好的切刀切出的药柱长度确定,都留有余量。在最后整形时,按图纸要求由加工保证成品药柱的长度。

与其他成形工艺一样,为保证成形工艺质量,各工序间或成形过程中,都有严格的工艺参数检验与控制措施,如发现不能满足要求的现象,就立即停止下一工序,经排查解决后再进行后续工序,避免造成成批药柱的报废。

2.5.4 溶剂法挤压工艺

常将螺旋压伸法成形双基和改性双基药柱的方法称为无挥发性溶剂法。

对于薄燃层的小尺寸药柱,也可采用挥发性溶剂压伸法制造。

溶剂压伸法的主要工序有捏合、胶化、压伸、切药、驱除溶剂等。成形工艺选择要根据所设计装药的使用特点和所用推进剂种类来决定。

螺压成形和溶剂法挤压工艺,只适用于等截面药形装药的成形。大部分普通双基推进剂、改性双基推进剂药柱都能采用螺压工艺成形,该工艺利于大批量生产。

对复合推进剂,可浇铸成自由装填药柱,也可采用贴壁浇铸成形装药。该工艺适于成形大尺寸装药。

2.6　发动机与推进剂性能参数

使用好推进剂,是与恰当地提出推进剂各项技术要求分不开的。为在装药技术要求中给出推进剂各项性能要求的参数值,要根据发动机设计技术要求和所选推进剂的基本性能,进行初步的工程设计和计算,待推进剂的实测性能数据与要求值相符后,再根据推进剂的实测性能,对装药及发动机性能作详细设计计算。有的参数需要反复迭代计算才能确定。

推进剂的性能与推进剂的组成密切相关,不同推进剂组分的物理和化学性能不同,推进剂的性能各不相同。如各组分化学反应的生成热不同,在燃烧时生成的热能不同,反映推进剂的能量水平就各有不同。经对推进剂的热力计算,或借鉴所用推进剂的热力计算结果,可对装药的工程设计和选用提供理论分析的依据。

各种用于工程计算的关系式,表达出设计技术要求参数和所选推进剂性能参数之间的关系,设计计算的最终结果,是要使确定的推进剂各项性能参数与实测值相符,且满足发动机设计技术要求中指标参数的要求。

推进剂理论计算性能数据、试样性能测试数据、样机试验测试数据等,构成推进剂装药的系统性能参数数值体系,要使用好推进剂,需要全面了解和掌握好推进剂的各项性能参数及数据范围,并使这些性能与发动机和装药的结构及性能参数相联系,符合相关性能参数计算结果,是做好装药设计计算的关键。

2.6.1　发动机主要性能参数

1. 弹道性能参数

1) 平均推力

平均推力(F_{cp})是发动机设计技术要求中的指标参数之一。通过发动机设计和所确定的推进性能予以保证。

2）总推力冲量

总推力冲量（简称总冲 I_o）是反映发动机综合能量特性的重要指标参数。也要通过推进剂选择和发动机设计予以保证。

3）工作时间

在使用压强范围内，工作时间（t_a）由设计的装药燃层厚和所选推进剂的燃速确定。

4）燃烧时间

发动机压强曲线上，燃烧初始压强到燃烧终止压强间所对应时间段，定义为燃烧时间（t_b）。为简化装药计算，初步设计计算时常忽略燃烧时间与工作时间两者之差。

典型装药推力曲线及特征点参数如图 2 - 1 所示。对各项特征参数的数据处理，可依据有关标准中规定执行。

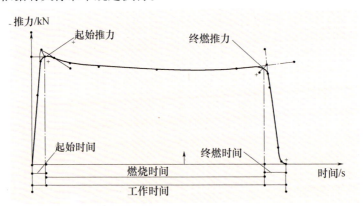

图 2 - 1　装药推力曲线及特征参数

2. 总体结构指标参数

（1）最大外径；

（2）最大长度；

（3）发动机总重；

（4）发动机质量比。

3. 相关结构参数

装药设计要满足发动机设计技术要求规定的结构参数。

（1）燃烧室内径 D_c。根据发动机结构设计和热防护设计后确定的内径。该尺寸决定装药的外径尺寸。

（2）燃烧室长度 L_c。是由发动机总长要求确定的。由该尺寸确定装药的长度。

（3）药柱外径 D_p。根据装药设计技术要求，由药形设计来确定。

（4）药柱长度 L_p。在燃烧室的前后端留有合适自由空间，并满足装药药柱质量要求条件下，由药形设计来确定。

（5）总燃层厚度 E_1。由推进剂在工作压强下的燃速和燃烧时间确定。

这些参数多是由药形设计确定的结构参数，要以药形图的形式，在装药技术要求中给出，并作为装药研制的依据。

2.6.2 推进剂性能参数

1. 性能指标参数

推进剂的性能参数，都从不同的含义反映推进剂的各种性能和技术状态。其中与装药性能指标参数相联系的主要有比冲 I_{sp}、特征速度 C^*、燃速 u、压强指数 n、压强温度敏感系数 α_p、密度 ρ_p 等，各参数含义见以后章节的定义式。

2. 热力学参数

表征推进剂热力学性能参数包括爆热（定压或定容）、燃烧温度（爆温）、燃烧产物的焓、燃烧产物的熵、比热比、比容、燃气平均分子量、燃气密度、气体常数等。

1）爆热

爆热是推进剂爆发燃烧反应时生成的热量，分定压爆热和定容爆热，燃烧产物中的水为液态或为气态状态下的爆热。固体推进剂在燃烧室内燃烧时，放出大量热量，并产生大量气体产物，由于这种燃烧反应进行得非常迅速，可认为没有热损失，燃烧反应所放出的热量完全被这些燃烧产物所吸收，使产物的温升很高。将这种燃烧反应所放出的热量称为爆热；将燃烧产物升到的最高温度称为爆温（燃烧温度）。爆热可通过专用测量装置进行测量。将爆热的量值定义为，在标准状态下（温度298K，压强101300 Pa），1kg 推进剂在没有外界氧气和空气条件下，进行定压或定容爆发反应，再将爆发反应的产物冷却到2980K，测出这种爆发反应过程中所放出的全部热量定义为爆热。

将1kg 推进剂燃烧产物爆热的定义式表示为

$$Q_{p(g)} = (\Delta H^0_{f,298})_p - \sum_{i=1}^{n} n_i (\Delta H^0_{f,298})_i$$

式中:$Q_{p(g)}$——推进剂爆热;

$(\Delta H^0_{f,298})_p$——推进剂本身的生成热(kJ/kg);

$(\Delta H^0_{f,298})_i$——第 i 种产物的标准生成热(kJ/mol);

n_i——第 i 种产物的摩尔数。

由于爆热与推进剂爆发反应的条件有关,将爆发产物中水分为液态的定容爆热 $Q_{v(1)}$ 和水为气态的定容爆热 $Q_{v(g)}$。两者之间的关系为

$$Q_{v(g)} = Q_{v(1)} - 41.57 n H_2O$$

式中:41.57——定容下 1mol 水的汽化热(kJ/mol);

nH_2O——1kg 推进剂爆发产物中水的摩尔数。

则爆发产物中水分为液态的推进剂的爆热为

$$Q_{p(g)} = Q_{v(g)} - nRT$$

式中:n——1kg 固体推进剂爆发气体产物的总摩尔数;

R——气体常数;

T——标准温度(298K)。

推进剂爆热为

$$Q_{p(g)} = Q_{v(1)} - 41.57 n H_2O - nRT$$

2)定压爆温

固体推进剂在绝热条件下燃烧(无外加氧气)所达到的最高温度为爆温。因为推进剂在燃烧室内燃烧属于定压燃烧,故又称定压爆温;而发射药在火炮内燃烧所达到的最高温度称为定容爆温。一般通过热焓法计算爆温,其基本公式为

$$\sum n_i H^0_{T,i} = (H^0_{298})_p$$

式中:$(H^0_{298})_p$——固体推进剂热焓(kJ/kg);

$H^0_{T,i}$——某燃烧产物的热焓(kJ/kg);

n_i——燃烧产物的摩尔数。

通常先设定初始温度,然后通过循序渐进的计算方法,计算给定温度下的燃烧产物平衡成分,再求出该平衡产物的总焓,并与推进剂的初始温度下的热焓相比较,如两者相等,则该温度即为所求的爆温,如不相等,需重新设定温度并重复上面的计算,直至两者相等为止。

3）燃烧产物的焓和内能

燃烧产物的热焓是推进剂内部蕴含能量的一部分，是表征燃烧产物内能的状态函数。将 1kg 推进剂燃烧产物总热焓的定义式表示为

$$H_T = \sum_{i=1}^{i=n} n_i \cdot H_{T,i}^0$$

式中：H_T——1kg 推进剂燃烧产物总热焓；

　　　n_i——第 i 种产物的摩尔数；

　　　$H_{T,i}^0$——第 i 种产物的标准热焓，可从热力学数据手册中查到。

表征推进剂潜在的总能量参数称为内能，推进剂燃烧产物内能的定义式为

$$U_T = H_T - \sum_{i=1}^{i=n} n_i \cdot RT$$

式中：U_T——温度为 $T(K)$ 时，1kg 推进剂燃烧产物总内能。

由内能的定义公式可以看出，推进剂所具有的潜在能量，除了取决于推进剂燃烧产物的总焓，还由产物所处温度决定。

4）燃烧产物的熵

燃烧产物的熵是推进剂燃烧产物的状态函数。任何化学物质的熵都是由它的分子结构和它所处的状态（温度，压强）所决定的，当物质的温度和压强一定时，它的熵值也是一个定值。推进剂燃烧产物一般由气相和凝聚相组成，气相产物的熵与温度和压强有关，而凝聚相产物的熵与温度有关，而与压强无关。

燃烧中气相产物在温度 T，压强 P 状态下熵的定义式表示为

$$S_{g,T} = S_{g,T}^0 - R\ln P$$

将凝聚相产物在状态 T 下的熵表示为

$$S_{c,T} = S_{c,T}^0$$

燃烧产物在温度 T、压强 P 状态下的总熵表示为

$$S = S_{g,T} + S_{c,T}$$

式中：S——燃烧产物在温度 T、压强 P 状态下的总熵；

　　　R——气体常数；

　　　$S_{g,T}$——气相产物的熵；

　　　$S_{c,T}$——凝聚相产物的熵，可在热力学数据手册中查到。

这些热力计算参数多为化学热力学参数，主要用于燃烧室内燃气流动计算和分析；燃气在喷管中流动参数计算时，常假设流动为绝热等熵流动，根据等熵

方程,来计算喷管中燃气流动及出口参数,这些热力学参数,也是装药设计需要了解和掌握的热力学性能参数。以常用推进剂为例,表 2 - 2 中给出某牌号推进剂热力学性能参数的数值范围。

2.6.3　技术指标参数与实测性能参数范围的协调

推进剂性能参数的确定,常在推进剂的使用中不断进行协调。这是因为在项目经演示验证试验后,总体要求发动机的某项性能需要进行微调;有时,推进剂的某项性能离要求有差距,对该项性能需要进行调整等。而有的性能调整,通过改变药形对药形参数进行调整,要比调整推进剂的配方来得更便捷。对此,要进行综合分析和计算,做出最佳选择。这都需要在方案阶段或初样机质量评审前,根据实测性能进行必要的技术协调。

1. 对装药总体性能的调整

总体性能调整,是指对总冲、平均推力或工作时间等弹道性能参数进行的调整。

1）增加总冲的调整

在不增加发动机燃烧室容积的情况下需增加总推力冲量。在装填系数余度允许的条件下,可适当增大装填系数,增加装药量;必要时通过高装填密度装药设计(见第 4 章),采取相应的措施,增加装药量。在可能的情况下,尽量通过调整装药工作参数或药形参数加以解决,这样有利于尽快确定推进剂的组分含量,及时稳定推进剂性能,加快研制进度。

当然,这种调整要在装药设计还没有达到饱和设计状态才是可能的。这里所说的饱和状态,主要是指装填参量、通气参量等,达到或接近推进剂临界值的装药设计状态。

2）对平均推力或工作时间的调整

一般,可通过适量调整燃速和燃烧面来调整平均推力,改变推进剂燃速或调整装药燃层厚度或调整燃烧室工作参数来调整工作时间。

2. 对推进剂实测性能偏离的调整

1）增加推进剂的能量

推进剂实测比冲低于指标要求值,燃速低于或高于要求值,都直接影响发动机推力冲量或工作时间。若通过调整装药工作参数和改变药形或药形参数不能解决,要从改变推进剂配方或微调推进剂的组分加以解决。

2）装填参量调整

因通气参量过高而引起初始压强峰过大而需要进行调整的,要对通气参量作出调整,必要时要通过装药相关性设计加以解决(见第4章)。

2.6.4 装药和发动机性能计算常用的计算公式

为方便发动机和装药的工程计算和性能分析,需要推导和借助一些常用的设计计算公式,包括推力原理公式、性能参数理论计算公式、主要弹道参数工程计算公式和性能参数试验处理公式等不同形式的计算公式。

1. 推力原理公式

推力的原理公式是根据牛顿定律推导的,由牛顿定律:作用在发动机内腔容积体上各种力的轴向分量,等于动量轴向分量随时间的变化率。由此推得发动机推力的原理公式

$$F = mv_e + (p_e - p_a) \cdot A_e \qquad (2-1)$$

式中:F——推力;

m——质量秒流量;

v_e——喷管出口平面流速(排气速度);

p_e——喷管出口面压强;

p_a——环境压强;

A_e——喷管出口面积。

在式(2-1)中,第一项为质量流率与喷管出口速度的乘积 mv_e,常将这一项称为动推力,其大小取决于质量流率和喷管出口速度,占推力份额较大。发动机产生的总冲值越大,所获得的动推力越大;推进剂的能量越高,并在装药设计和发动机设计时,使推进剂的化学能转换成热能,再经喷管转换成排出燃气的动能,这些转化的效率越高,生成的动推力越大。第二项 $(p_e - p_a) \cdot A_e$ 常称为静推力。其大小与所设计喷管的工作状态有关。p_e 与 p_a 的差值随喷管的设计状态不同,有 $p_e > p_a$(欠膨胀),$p_e < p_a$(过膨胀),$p_e = p_a$ 三种状态。常将 $p_e = p_a$ 时,$F = mv_e$ 称为特征推力。导弹在高空飞行时,随飞行高度增加,环境大气压减小,发动机推力也有所增加。

2. 理论计算与分析公式

在发动机推力原理公式的基础上,根据热力学和气体动力学原理,依照燃气流动准一元流理论和假设所建立的基本方程和热力学函数,包括燃气流动的质量

方程、动量方程、理想气体状态方程、等熵绝热方程等,可推导出推力原理公式中燃气质量秒流量 m 和喷管出口排气速度 v_e,从而推出发动机推力理论计算公式。

在这些理论计算公式中,常用到推进剂热力计算所得到的主要热力学参数,包括燃烧产物的千克摩尔数、定压燃烧热、定压比热、定容比热等热力计算的各项参数,并将这些参数与推进剂组分含量、各种能量转换关系式相联系,推导出各项弹道性能参数的理论计算公式,用于对发动机的性能、推进效率等进行评估,也用于对选用推进剂的性能进行比较和分析。

1) 质量秒流量公式

$$m = A_t p_0 (k/R \cdot T_0)^{1/2} \cdot [2/(k+1)]^{(k+1)/2(k-1)} \qquad (2-2)$$

令

$$C_D = (k/R \cdot T_0)^{1/2} \cdot [2/(k+1)]^{(k+1)/2(k-1)} \qquad (2-3)$$

则

$$m = C_D A_t p_0 = C_D A_t p_c \qquad (2-4)$$

式中:m——质量流率;

p_0——燃气流的总压;

p_c——燃烧室压强;

T_0——燃气流动的滞止温度;

k——绝热指数,$k = C_P / C_v$;

C_D——流量系数;

A_t——喷管喉面积。

因为相对燃气在喷管中流速而言,燃烧室内的燃气流速可忽略不计,计算时可将燃气流动的滞止温度视为燃烧室的燃烧温度,燃气流动的总压强视为燃烧室的压强。

2) 排气速度公式

由能量方程 $h + v^2/2 = h_0$,可得出按照滞止焓和喷管出口处的焓来计算喷管排气速度的通用公式

$$v_e = 2(h_0 - h_e)^{1/2}$$

由质量方程 $\rho v A = m = $ 常量,能量方程 $h + v^2/2 = h_0$ 和 $S = $ 常数的等熵条件,把上面的排气速度公式中的 h_e 同喷管出口压强及滞止参数联系起来,就可以用喷管出口压强与总压强(燃烧室压强)之比来表达排气速度 v_e。最后得到

$$v_e = [2k/(k-1)] \cdot RT_0 [1 - (p_e/p_0)^{(k-1)/k}]^{1/2} \qquad (2-5)$$

式中：v_e——喷管出口面排气速度；

　　R——气体常数；

　　k——绝热指数；

　　T_0——燃气总温，可视为燃烧室温度；

　　p_e——喷管出口压强；

　　p_0——燃气总压，可视为燃烧室压强。

3）推力的理论计算公式

把质量流律公式（2 - 2）和排气速度公式（2 - 5）代入推力的原理公式（2 - 1）中，即得

$$F = p_0 A_t \left[2k^2 / (k - 1) \right]^{1/2} \cdot \left[2 / (k + 1) \right]^{(k+1)/2(k-1)} \cdot$$

$$\left[1 - (p_e / p_0)^{(k-1)/k} \right]^{1/2} + A_e / A_t (p_e / p_0 - p_a / p_0) \qquad (2 - 6)$$

令

$$C_F = (2k^2 / (k - 1))^{1/2} \cdot (2 / (k + 1))^{(k+1)/2(k-1)} \cdot$$

$$(1 - (p_e / p_0)^{(k-1)/k})^{1/2} + A_e / A_t (p_e / p_0 - p_a / p_0) \qquad (2 - 7)$$

则

$$F = C_F p_0 A_t = C_F p_c A_t \qquad (2 - 8)$$

式中：F——发动机理论推力；

　　C_F——推力系数；

　　A_e——喷管出口面积。

在进行发动机理论计算时，都可将各理论公式中的滞止参数视为燃烧室相应参数。

4）比冲的理论计算公式

发动机比冲是指燃烧 1kg 质量（质量秒流率）推进剂所产生的冲量，在数值上也可按每秒燃烧 1kg 质量的推进剂所产生的推力（比推力）。由此可得

$$I_{sp} = F/m = \left[(2k/(k - 1))R^0/m \cdot T_c (1 - (P_e/P_C)^{(k-1)/k}) \right]^{1/2} \qquad (2 - 9)$$

式中：R^0——通用气体常数，$R^0 = Rm$。

5）特征速度公式

特征速度是与流过喷管的质量流率有关的，其定义式为

$$C^* = p_c \cdot A_t / m \qquad (2 - 10)$$

将质量流率公式（2 - 2）代入得

$$C^* = (R \cdot T_c/k)^{1/2} \cdot [(k+1)/2]^{(k+1)/2(k-1)} \qquad (2-11)$$

式中：C^*——特征速度；

T_c——燃烧室内燃气温度。

6）燃烧室压强公式

当忽略燃气流速对计算燃烧室压强的影响和余容的影响时，计算燃烧压强公式为

$$P_c = [(u_1\rho_p S_b)/(C_D A_t)]^{1/(1-n)} \qquad (2-12)$$

式中：P_c——燃烧室压强；

u_1——燃速系数；

n——压强指数；

ρ_p——推进剂密度；

S_b——装药燃烧面积。

3. 工程计算公式

推力和压强是工程设计和计算中最常用的弹道性能参数，为方便地进行计算，并能将发动机弹道性能参数与推进剂性能参数直接联系在一起，将推力和压强计算公式进行等量变换，即可得到推力和压强的工程计算公式。

1）压强工程计算公式

将式（2-2）$P_c = [(u_1 \cdot \rho_p \cdot S_b)/(C_D \cdot A_t)]^{1/(1-n)}$ 两端同进行（$1-n$）次方，得

$$P_c^{(1-n)} = (u_1 \cdot \rho_p \cdot S_b)/(C_D \cdot A_t)$$

两端同乘 P_c^n，得到压强工程计算公式

$$\begin{aligned} P_c &= (u_1 \cdot \rho_p \cdot S_b \cdot P_c^n)/(C_D \cdot A_t) \\ &= (u \cdot \rho_p \cdot S_b)/(C_D \cdot A_t) \\ &= (u \cdot \rho_p \cdot K_N)/C_D \end{aligned} \qquad (2-13)$$

式中：K_N——面喉比，即燃烧面积 S_b 与喷喉面积 A_t 之比。

2）推力工程计算公式

由比冲的定义不难推导出

$$I_{sp} = C_F/C_D$$

将 C_D 代入式（2-13），得

$$P_c = (I_{sp} \cdot \rho_p \cdot u \cdot S_b)/(C_F \cdot A_t)$$

$$P_c \cdot (C_F \cdot A_t) = I_{sp} \cdot \rho_p \cdot u \cdot S_b$$

则发动机推力

$$F_{cp} = I_{sp} \cdot \rho_p \cdot u \cdot S_b \qquad (2-14)$$

如前述,常将比冲与推进剂密度的乘积称为发动机交付比冲,也有称密度比冲,交付比冲越大,发动机的推进效能越高。常将燃速与装药燃烧面的乘积称为推进强度,是影响推力大小最直接的组合参数,通过调整该组合参数的大小来调整推力,是装药设计最常用的方法。

通过上述工程计算公式,可对所要求的推进性能参数、装药药形尺寸和相关参数进行初步估算。当所选推进剂的实测性能与装药性能计算结果相符合时,装药性能也就满足了发动机各项弹道性能要求。

4. 发动机性能参数试验处理公式

性能参数试验处理公式,是采用发动机地面静止试验所采集的原始数据,经计算机程序进行处理时所用的公式。根据处理的结果来掌握发动机和装药的实际性能,也为了解实际性能的稳定性提供分析依据。根据需要,还可与推进剂的理论计算结果相联系,对装药在燃烧室内的燃烧效率,包括比冲效率,燃烧室效率和喷管效率等,提供简捷的计算方法。

在采用试验来确定发动机的性能时,一般由专用计算机程序对所采集的推力或压强逐点数据进行处理,按试验处理公式,计算并给出各项实测结果。除平均推力、平均压强、总冲等弹道性能参数外,还常采用试验测试的方法,获取推力系数、流量系数、特征速度、实际比冲等。处理性能数据所需的结构参数、质量参数等,需要试验前或试验后测定,这些数据常包括推进剂质量、喷喉面积等。需要时,在试验后通过对试验发动机称重,或三维图形软件计算(对于多推力组合装药),确定燃烧的推进剂质量,即有效推进剂质量。

(1)推力系数:

$$C_F = \left[\int_0^{tb} F(t)\,\mathrm{d}t \right] / \left[\left(\int_0^{tb} P(t)\,\mathrm{d}t \right) \cdot A_t \right] \qquad (2-15)$$

$$C_{F(i)} = \left[\int_0^{tb} F(i)\,\mathrm{d}t \right] / \left[\left(\int_0^{tb} P(i)\,\mathrm{d}t \right) \cdot A_t \right] \qquad (2-16)$$

式中:C_F——推力系数;

$\int_0^{tb} F(t)\,\mathrm{d}t$ 和 $\int_0^{tb} P(t)\,\mathrm{d}t$——用采集的数据由计算机程序计算给出;

i——瞬时值;

$\int_0^{tb} P(t)\,\mathrm{d}t/t_b$ —— 燃烧室平均压强 P_c；

$\int_0^{tb} F(t)\,\mathrm{d}t/t_b$ —— 发动机平均推力 F_{cp}。均由计算机程序处理给出。

（2）流量系数：

$$C_D = m_c / P_c \cdot A \qquad (2-17)$$

（3）特征速度：

$$C^* = \left[\int_0^{tb} P(t)\,\mathrm{d}t\right] \cdot A_t / m_c \qquad (2-18)$$

$$C_{(i)}^* = \left[\int_0^{tb} P(i)\,\mathrm{d}t\right] \cdot A_t / m_c \qquad (2-19)$$

（4）实测比冲：

$$I_{sp} = \int_0^{tb} F(t)\,\mathrm{d}t / m_c \qquad (2-20)$$

对单室多推力发动机，通过对试验数据的采集、计算机程序处理，按多级推力试验测得的推力逐点数据，得到上述试验处理公式所需的数据，即可分别获得各推力级性能参数的试验测试结果。

5. 推进剂常用性能计算公式

1）推进剂燃速

除比冲、特征速度等表征推进剂的能量特性参数以外，推进剂燃速是表征推进剂燃烧性能的重要参数之一。按推进剂药柱燃烧理论，燃烧从药柱非阻燃表面开始，沿燃烧表面的法向按平行层燃烧规律向药柱内推移。燃速是指燃烧推移的线速度。其定义式为

$$u = e_1 / t_b$$

式中：u —— 燃速；

e_1 —— 燃层总厚度；

t_b —— 燃烧时间。

对不同种类的推进剂，计算燃速常采用不同形式的公式，这些公式常由燃速仪或标准发动机测试的数据，采用曲线拟合的方法获得。

（1）指数燃速公式：

$$u = u_1 \cdot P_c^n \text{（适用于 CMDB、NEPE、XLDB 和复合推进剂，}$$
$$\text{压强范围：5MPa} \sim \text{30MPa）} \qquad (2-21)$$

$$u = a + u_1 \cdot P_c^n \text{（适用于双基推进剂，压强范围：5MPa ～ 6MPa）}$$

$$(2 - 22)$$

（2）线性燃速公式：

$$u = u_1 \cdot P_c \text{（适用于双基推进剂，压强范围：大于10MPa）} \quad (2 - 23)$$

$$u = a + u_1 \cdot P_c \text{（适用于双基推进剂，压强范围：大于10MPa）} \quad (2 - 24)$$

（3）复合推进剂燃速公式：

$$1/u = a/P_c + b/P_c \text{ 或 } P_c/u = a + b \cdot P_c^{2/3} \text{（压强范围：大于5MPa）}$$

$$(2 - 25)$$

式中：u——燃速；

$\quad u_1$——燃速温度系数；

$\quad a, b$——常数。

2）压强温度敏感系数

压强温度敏感系数是表征推进剂性能随温度变化大小的计算公式，常用来计算高低温下装药弹道性能参数散布的大小。

$$\alpha_p = (\ln P_{CP(+50℃)} - \ln P_{CP(-40℃)})/(T_{+50℃} - T_{-40℃}) \quad (2 - 26)$$

式中：α_p——压强对温度的敏感系数，简称压强温度系数；

$\quad P_{CP(+50℃)}, P_{CP(-40℃)}$——分别为 $+50℃$ 工作温度 $T_{+50℃}$ 和 $-40℃$ 工作温度 $T_{-40℃}$ 的平均压强。

6. 装药燃烧效率

为评定装药实际性能所反映的装药设计水平，常用实际性能参数与理论计算的性能参数之比来表征，包括比冲效率、燃烧室效率和喷管效率。

1）比冲效率

发动机实际比冲与理论比冲之比称比冲效率，表示为

$$\xi_I = I_{SP(实际)}/I_{(理论)} \quad (2 - 27)$$

2）燃烧室效率

发动机特征速度的实际值与理论值之比称燃烧室效率，表示为

$$\xi_c = C^*_{(实际)}/C^*_{(理论)} \quad (2 - 28)$$

3）喷管效率

发动机推力系数的实际值与理论值之比称喷管效率，表示为

$$\xi_N = C_{F(实际)}/C_{F(理论)} \quad (2 - 29)$$

由式 $I_{sp} = C^* \cdot C_F$ 可得

$$\xi_I = (C^*_{(实际)} \cdot C_{F(实际)}) / (C_{F(实际)} \cdot C_{F(理论)})$$

$$= \xi_c \cdot \xi_N \qquad (2-30)$$

装药推进效能高低有多种品质参量或系数,最常用的有两种,一种是采用发动机质量比(药柱质量与推进装置总质量之比)和冲量比(推进装置总冲与总质量之比)来评定相同类型发动机设计品质高低,特别对飞行动力型装药,使用质量比和冲量比对不同发动机推进效能的评定更具有可比性。显然,这些比值越高,提供导弹飞行的动力推进效能也越高。但应该指出,它不仅仅取决于发动机工作过程中装药燃烧时各种效率的高低,还取决于所选择推进剂比冲和密度的高低;另一种是要借助推进剂热力计算的理论结果,通过计算实际试验结果与理论计算结果的比值,即通过各种效率来进行评定推进剂装药的推进效能和设计水平。由上述效率公式可以看出,装药燃烧效率的高低,一方面取决于装药在燃烧室内燃烧的充分性,同时也取决于所设计的喷管工作过程的完善性,受发动机质量比大小的影响较小。

2.6.5　推进剂性能参数计算

为在装药技术要求中,给出各项性能参数值,要按发动机设计技术要求中的弹道性能参数,对装药所用推进剂的性能参数进行计算。这些计算,也是装药药形设计和装药性能初步计算内容。现结合实例计算推进剂的性能参数和装药药形设计所需的性能参数。

1. 药柱质量计算

1)计算条件

(1)技术要求中给出的总推力冲量,或平均推力与装药工作时间;

(2)所选推进剂的比冲值;

(3)考虑各种误差,性能偏离等确定的余量系数;

(4)计算温度为常温20℃。

2)工程计算式

$$W_P = k_1 \cdot I_0 / I_{sp} = k_1 \cdot F_{cp} \cdot t_b / I_{sp}$$

$$W_P = (A_{st} - A_{np}) \cdot L_p \cdot \rho_p$$

式中: W_p ——药柱质量(kg);

I_0 ——总推力冲量(kN·s);

I_{sp} ——推进剂比冲(kN·s/kg);

t_b——燃烧时间(s);

k_1——余量系数;

ρ_p——推进剂密度;

F_{cp}——平均推力(kN);

A_{st}——药柱的横截面面积(cm^2);

A_{np}——装药的通气面积(cm^2);

L_p——药柱长度。

3) 计算实例

假设一导弹发动机,要求的总推力冲量为80.5kN·s,工作时间为1.8s,选用的推进剂比冲为2.3kN·s/kg,燃速为2.5cm/s,密度为1.68g/cm³。

按上式估算该发动机的装药药柱质量。初步计算时,可将发动机工作时间视为装药燃烧时间。

$$W_P = k_1 \cdot I_0 / I_{sp}$$
$$= 1.04 \times 80.50/2.3$$
$$= 36.4kg$$

取余量系数为1.04,结果为36.4kg,经圆整后质量为36.5kg。待药形参数确定后,可采用公式 $W_P = (A_{st} - A_{np}) \cdot L_p \cdot \rho_p$ 对推进剂药柱质量进行核算。

2. 平均燃烧面积计算

1) 计算条件

(1) 在确定的燃烧室压强下,所选推进剂的燃速和比冲;

(2) 选定的推进剂密度,燃速、比冲及密度参数值均与上例同。

2) 工程计算

现计算上例装药的平均燃烧面积。由推力的工程计算公式得:

$$S_b = F_{cp}/(u \cdot \rho_p \cdot I_{sp})$$
$$= (80.50/1.8)/(2.5 \times 1.68 \times 10^{-3} \times 2.3)$$
$$= 4629.6cm^2$$

3. 燃层厚度计算

根据所选推进剂燃速和燃烧时间(近似按工作时间)参数要求,所设计的装药药形的燃层厚度为

$$e_1 = t_b \cdot u = 1.8 \times 2.5 = 4.5cm$$

4. 推进剂压强温度敏感系数计算

在发动机设计技术要求中,一般都规定在高、低温度范围内,允许的推力散布范围,如规定高温的最大推力值和低温的最小推力值。如与推进剂性能相联系,需将其转换为压强散布范围,即可按推进剂压强温度敏感系数 α_p 的定义和计算式来计算,并将计算结果作为控制推进剂性能散布的指标参数之一。

推进剂压强温度敏感系数,常通过标准试验发动机实测获得。如对某一在研的推进剂,可通过 50mm 标准试验发动机高、低温静止试验,实测指定压强下的平均压强,并采用压强温度敏感系数的计算公式进行计算,用该系数的实测值大小,来表征该推进剂的燃烧性能。

推进剂的这一燃烧性能,与推进剂燃速温度敏感系数有直接关系,温度对推进剂燃速的影响越大,压强温度敏感系数也越大。

推进剂燃速温度敏感系数,可在高低温条件下,通过燃速仪对推进剂的燃速进行测试,获得指定压强下的燃速温度敏感系数,也可用该系数表征温差对推进剂弹道性能散布的影响。由于该测试系统测试高低温下推进剂燃速时,没有采用标准试验发动机测试高、低温下的压强更直观、准确、方便,应用中,常采用压强温度敏感系数来表征温差对推进剂弹道性能的影响。也常用该系数作为对推进剂燃烧性能要求的指标参数。

1)计算条件

(1)技术要求中给出推力或压强散布要求;

(2)给出温度范围,一般指高低温工作温度范围。

2)工程计算式

$$\alpha_p = (\ln P_{CP(+50℃)} - \ln P_{CP(-40℃)})/(T_{+50℃} - T_{-40℃})$$

式中: α_p ——压强对温度的敏感系数,简称压强温度系数;

$P_{CP(+50℃)}$, $P_{CP(-40℃)}$ ——分别为 $+50℃$ 工作温度 $T_{+50℃}$ 和 $-40℃$ 工作温度 $T_{-40℃}$ 的平均压强。

3)计算实例

假设一导弹发动机,发动机设计技术要求中,最大压强不超过 14.5MPa,高低温工作温度范围为 $-40℃ \sim +50℃$,在高低温工作温度范围内,允许推力散布值为 0.9kN,确定对推进剂的压强温度敏感系数的指标参数值。

先将推力散布换算成压强散布。

由推力公式

$$F_{cp} = C_F \cdot A_t \cdot P_c, 得 \Delta F_{cp} = C_F \cdot A_t \cdot \Delta P_c$$

选定该发动机常温平均工作压强为 13.0MPa,喷喉面积为 1.775cm²,推力系数为 1.5。得压强散布值为

$$\Delta P_c = \Delta F_{cp}/(C_F A_t)$$
$$= 0.9/(1.5 \times 1.775)$$
$$= 3.38MPa(单位换算后)$$

则最小压强为 11.12MPa。

由最大压强限制,发动机高低温工作的压强范围为 14.5MPa ~ 11.12MPa。

由式(2-26)即可计算出推进剂的压强温度敏感系数

$$\alpha_p = (\ln P_{CP(+50℃)} - \ln P_{CP(-40℃)})/(T_{+50℃} - T_{-40℃})$$
$$= (\ln 14.5 - \ln 11.12)/(50 + 40) = 0.0029$$

由计算得,在装药技术要求中,所选推进剂压强温度敏感系数 α_p ≤0.29%/℃。

通过上述初步计算,可得到能满足发动机主要弹道性能要求的推进剂性能参数,可依此计算结果,对推进剂性能提出参数要求,如在燃烧室压强下推进剂的比冲、燃速以及推进剂的密度等。同时,也要依此计算结果和发动机结构尺寸要求,设计该装药药形,其药形的平均燃烧面积、药形总燃层厚度、药柱质量等都要与初步计算结果相一致或接近。

在上述初步计算基础上,即可进行装药性能详细设计与计算,包括计算装药燃烧面积随燃层厚度变化的逐点数据,并依据推进剂燃烧性能,进行装药内弹道计算,装药性能计算与校核计算等,详见第4章装药性能设计。

表2-1列出了几种典型推进剂的性能,表2-2列出了几种推进剂热力计算结果,供了解各类推进剂性能时参考。

表 2-1 几种典型推进剂性能(20℃)

推进剂代号		性能双基	改性双基	普通复合	改性复合	复合改性	NEPE	XLDB
推进剂性能		s-1	L11	C-1	G-01	G-4	N02	G-03
弹道性能	压强范围/MPa	12~20	8~20	5~15	4~15	5~18	4~15	4~20
	比冲/(N·s/kg)	1968	2542	2450	2540	2560	2650	2530
	燃速/(mm/s)	12	23.75	22	18	24	13	15
	压强指数	0.25	0.32	0.40	0.45	0,42	0.45	0.37
	密度/(g/cm³)	1.61	1.72	1.75	1.77	1.76	1.73	1.74
	压强温度系数/(%/℃)	0.30	0.38	0.40	0.45	0.41	0.40	0.42

（续）

推进剂代号 推进剂性能		性能 双基	改性 双基	普通 复合	改性 复合	复合 改性	NEPE	XLDB
		s-1	L11	C-1	G-01	G-4	N02	G-03
力学 安全 性	抗拉强度/MPa	3.16	2.14	1.9	1.36	1.21	1.45	0.9
	延伸率/%	31.5	29.24	0.31	0.33	0.45	0.47	0.51
	撞击感度/(H_{50}/cm)	20	24.1	30	29.6	38	33	30
	摩擦感度/(P/%)	39.6	41.6	45	43	41	39	36

表 2-2 几种推进剂热力计算结果

能量示性数	符号	单位	推进剂名称		
			L205	L-33	L-25
计算压强	P_C	MPa	10	10	10
比冲	I_{SP}	N·s/kg	2346.7	2323.20	2439.9
定压爆热	Q_P	kJ/kg·K	4077.97	3264.40	4515.5
燃烧产物的焓	He	kJ/kg·K	3373.95	3538.1	4431.9
燃烧产物的熵	Se	kJ/kg·K	9895.4	9997.7	10013
火药力	F_P	kJ/kg	904.52	903.22	961.7
燃烧温度	T_C	K	2634.6	2512.7	2903.2
喷管出口温度	T_k	K	1078.9	1019.2	1224.8
推力系数	C_F		1.6199	1.5527	1.6293
推进剂密度	ρ_P	g/cm³	1.8435	1.696	1.7053
比热比	K	k	1.24	1.2469	1.2318
燃气比容	W_P	L/kg	924.67	968.45	888.76
产物千克摩尔数	m_g	mol/kg	41.28	43.215	39.6768
推进剂千克摩尔数	M	mol/kg	23.98	23.140	25.1127
氧系数	O_B		0.5946	0.5462	0.6439
气体常数	R_g		350	362.33	33.77
特征速度	C^*	m/s	1449	1445.52	1498.03

第 3 章　装药药形设计

　　药形设计是装药设计的重要内容,包括药形选择和新药形设计、药形参数确定、装药示性数计算、通气参量和装填参量的计算等,还包括在装药性能设计中,根据装药技术要求和样机性能试验结果,分析计算结果与试验结果的偏离,并对装药药形或药形参数进行必要的调整等内容。

　　药形设计的主要依据是,动力推进系统设计技术要求中规定的推力冲量和工作时间,或推力和工作时间、相关结构尺寸和特定要求等。在选定推进剂后,推力冲量决定推进剂药柱质量;工作时间和选定推进剂燃速决定所设计药柱的总燃层厚度,推力大小和推进剂的燃速决定所设计药形的燃烧面积,这些都是设计和选择药形首先要保证的参数。

　　有关装药燃烧面随燃层厚度变化规律的计算,也属药形设计计算的内容,可在装药内弹道计算、高装填密度设计、装药相关性设计时进行,计算的目的是根据所设计的药形燃烧面变化,对出现的变燃面药形最大燃烧面或增面比过大,或初始通气参量过高等问题,导致装药弹道性能超标,要对这种药形或药形参数进行调整;有时还需要根据燃烧面变化,进一步协调所选推进剂燃速随压强的变化,调整推进剂燃烧性能参数,如特定压强范围内的燃速和压强指数的大小,最终使推进剂性能参数满足装药性能要求。详见第 4 章装药性能设计。

　　药形设计采用的方法较多,要根据药形复杂程度加以选择。对等截面药形,常采用计算机程序计算;对变截面药形和复杂药形,多采用三维绘图法或三维几何图形坐标法进行设计计算,三维几何图形坐标法已有三维图形数字计算程序软件进行计算。

3.1　药形设计要点

　　确定药形和进行装药设计时,要根据装药的类型采用不同的设计计算方法。

3.1.1　设计分析

1. 药形选择

　　药形选择是指对两种以上药形进行对比计算,根据各药形的燃面随燃层厚变化曲线的平直性、满足弹道性能要求的可能性,以及符合推力方案的程度确定选用哪一种药形。

1）发射动力型药形

　　这种装药药形一般都设计成大燃烧面的药形,如单根或多根管状药形,单根或多根梅花形药形,多根锁形药形,薄燃层厚的车轮药形等。

2)飞行动力型药形

飞行动力型装药药形常追求较高的装填密度,药形的燃层厚度较大,一般常选用内孔燃烧药形,如星形药形、管槽药形、大燃层厚的内孔燃烧带环形槽的单根管状药形等。

3)长时间续航型药形

这种药形一般都选用实心端面燃烧药形。药形简单,装填密度大。多为固体动力推进系统作续航动力用药形。

2. 药形参数确定

药形参数确定,是指在药形和装药性能计算后,出现计算性能与预先要求性能存有差异,同时也使实测装药性能与要求的相应性能出现偏差,需要对药形进行调整,直到获得满足装药性能要求的药形参数为止。药形参数确定过程,是装药研制过程的重要内容,所追求的是装药计算性能、实测的性能与装药技术要求性能的统一。应在初样机质量评审前完成。

3.1.2 设计内容

1. 药形设计所需参数的计算

这些计算是根据推进系统弹道性能和装药直径等要求,根据所选推进剂的主要性能,如比冲、燃速和密度等,来计算药形设计所要满足的参数,包括计算推进剂药柱质量、药柱长度和直径、平均燃烧面积、燃层厚度等。这一步,是确定推进剂性能参数要求,确定药形和药形参数时要计算的内容,也属于装药初步设计的一部分。一般采用工程计算方法进行计算。

2. 燃烧面随燃层厚度变化逐点数据的计算

确定药形和药形参数后,还需要计算燃烧面随燃层厚度变化及平均燃烧面积;采用推进剂燃速随压强变化的逐点数据或燃速公式,来计算压强随燃烧时间变化的逐点数据;有时要通过装药相关性设计与分析,进一步修正药形或药形参数,以获得最佳的装药性能和推力方案;需要时,还要为总体质量分析提供装药药柱质量随时间变化的逐点数据。这些计算也属装药详细设计的内容。

药形设计还包括根据选定推进剂性能参数的实测值与要求值的差异,对药形参数作相应的调整后,进行药柱示性数计算、动力推进系统性能计算,经试验验证,满足推进系统弹道性能及推力方案要求,并将该药形作为正样机阶段装药

药形投入研制。

3.1.3 设计分类

1. 等截面药形设计

对于螺压工艺成形的药形,需将药柱设计成等截面药形,即药形的截面形状及截面积沿药柱轴向不变的药形。这些药形或只内孔燃烧,或内外表面都参与燃烧。如星形、管形(单根或多根)、车轮形、树枝形(轮臂高度不相等的车轮形)、锁形、梅花形(多圆弧形)等。其药形参数都能用解析法计算公式编出计算机程序,计算燃烧面积、通气面积、余药面积和通气参量等,这些计算结果,也为弹道性能计算和质量分析等提供所需数据。

2. 变截面药形设计

根据推力方案要求,需将药形设计成变截面药形,其药形的截面形状及截面积沿药柱轴向按一定规律变化的药形,如内锥孔药形、管槽药形、变燃面内孔药形等,这些药形的药柱都需采用浇铸工艺成形。用三维几何图形坐标法、三维绘图法来设计较为方便。

3. 特种药形设计

特种药形是按特殊需要设计的装药药形,装药药形的结构较特殊,如球形装药、环形装药、锥形装药等。这种药柱需采用三维几何图形坐标法、三维绘图法来计算。也需按照上述设计内容进行装药设计。

3.1.4 设计步骤

1. 设计计算条件

装药设计中,首先要对药柱、药形尺寸及性能指标参数互相关联的尺寸进行设计和计算,按顺序确定各尺寸的数值。计算和设计的条件要根据实际要求确定,一般包含主要的性能参数和结构尺寸。

1) 药柱直径

按总体所给径向结构尺寸推算,即由发动机外径、壳体厚度、隔热层厚度来决定。

2) 推进剂燃速和燃层厚度

设计药形时,若推进剂燃速已经初步确定,并在装药技术要求中,规定为推进剂研制要保证的参数,在药形设计计算中常根据燃烧时间来确定燃层厚;也有根据药形确定的燃层厚和燃烧时间,确定推进剂的燃速。

3)药柱质量

药柱质量是由总冲和推进剂比冲决定的。总冲根据技术要求中的指标参数取值。

2. 具体步骤和方法

1)等截面内孔燃烧药形

这些药形主要有星形药形、车轮药形、树枝药形等,药形参数计算的公式都相近。

(1)计算总燃层厚 E_1。由 $E_1 = ut_b$ 计算,其中,E_1 为总燃层厚;u 为推进剂燃速;t_b 为燃烧时间。

(2)计算特征长度。由 $L = D_p/2 - E_1 - r$ 计算,其中,L 为特征长度;D_p 为药柱外径;r 为顶圆角边过渡圆弧半径。

(3)确定药形参数。若采用星形药形或车轮药形(含树枝药形),需选取星角数或轮臂数(n);根据燃烧初始段增、减或恒面特性的选择,确定星边夹角或轮边夹角 θ 的数值及角系数 ε;根据药形尺寸大小确定星形或车轮形的圆弧与直边或直边与直边的过渡圆弧半径 r 或 r_1。需要时,可确定几组不同的药形参数,以便进行多方案对比计算。

若采用其他内孔药形,可根据其药形特点,确定出各药形的几何参数。

上述药形参数确定后,用编写的相应计算机程序,或专门用于装药设计计算的软件,计算燃面的周边长平均值 S_{scp},通气面积 A_{np} 等。

(4)确定药柱长度。由式 $w_p = (A_p - A_{np}) \cdot L_p \rho_p$ 计算 L_p,其中,A_p 为药柱端面面积;A_{np} 为通气面积;L_p 为药柱长度;ρ_p 为推进剂密度。

(5)确定平均燃烧面积。根据 $S_b = F_{cp}/(u \cdot I_{sp} \cdot \rho_p)$ 计算该药形装药所需燃烧面积的大小。

(6)计算药形平均周边长。按程序计算药形平均周边长 S_{scp}。根据 $S_b = S_{scp} \cdot L_p$ 计算燃烧面积,确定符合该计算式中 S_{scp} 的药形参数,这组药形参数即为药形设计计算的初步设计计算结果。

运用计算机程序计算,能方便地计算出周边长平均值 S_{scp},可使平均推力的计算与药形计算参数相对应。

2)等截面内外表面燃烧的药形

(1)内外表面燃烧的单根或多根管状药形的设计,因几何形状较简单,药形参数的确定也较容易。由 $S_b = F_{cp}/(u \cdot I_{sp} \cdot \rho_p)$ 确定该药形装药所需的燃烧面大小，再根据由总冲确定的药柱质量，按照药形参数关系式 $w_p = (A_p - A_{np}) \cdot n_p \cdot L_p \cdot \rho_p$ 确定药柱长度，其中 n_p 为管状药柱的根数。

或者根据燃烧室截面尺寸，先确定多根药柱的根数，再确定药长。

（2）内外表面燃烧的其他药形设计，如梅花药形、多圆弧形、锁形药形等，也需按 $S_b = F_{cp}/(u \cdot I_{sp} \cdot \rho_p)$ 计算该药形装药所需燃烧面积的大小，再根据所选择的药形参数，由程序计算出的药形周边长，用式 $w_p = (A_p - A_{np}) \cdot L_p \cdot \rho_p$ 计算 L_p，或由装药根数确定药长。

由于这些药形的几何参数和计算公式相对复杂形状的内孔药形简单，药形参数的确定可根据需要采用不同的方法进行。

3）变截面复杂药形

变截面复杂药形常采用三维图形法进行设计计算。

（1）先按药形参数和相关结构尺寸进行三维作图，因所用绘图软件的不同，绘图方法也各有差异，但这些软件都具有计算面积、质量和周边长等功能，有的软件还具有分层作图和计算的功能，使用相应的窗口界面、菜单和命令，可完成药柱各种示性数的计算。

（2）将计算所得结果输入相应数据处理程序或软件，可按装药设计计算需要，进行数据处理和分析，绘制所需的曲线。

3.2 常用药形设计计算

3.2.1 采用编程法计算等截面药形

1. 星形药形

1）药形分析

（1）燃面变化特性。星形药形燃烧面积随燃层厚度变化曲线呈马鞍形，压强和推力曲线也呈马鞍形，从药形参数的关系式中可以推出：

当 $\theta/2 + \cot(\theta/2) = \pi/2 + \pi/n$ 时，在星边消失前，燃面呈恒面性；

当 $\theta/2 + \cot(\theta/2) > \pi/2 + \pi/n$ 时，在星边消失前，燃面呈增面性；

当 $\theta/2 + \cot(\theta/2) < \pi/2 + \pi/n$ 时，在星边消失前，燃面呈减面性。

根据这一燃面变化特性，通过星边夹角 θ 的选择，在一定范围内，可对燃烧初始段的燃面进行调整。在通气参量大时，易产生初始压强峰，可选择前低后高的增面特性参数;当道弹发射需要足够的初始推力冲量时,可选择具有前高后低的减面特性参数。

(2) 参数选择范围大。星形药形常被装药设计所选用,与其药形参数选择范围大有关,这就给推力方案的实现带来方便,如对同直径同燃层厚的装药,可通过星角数、星角系数和星边夹角的变化,获得多种变化的药形,从而得到所需不同方案的参数,使装药设计灵活方便。

(3) 装填密度较高。对复合推进剂、NEPE 或改性交联推进剂,星形装药适合采用贴壁浇铸工艺成形,可实现无间隙装填;自由装填星形装药,装药与燃烧室内壁之间的间隙也很小,与其他装填形式相比,装药量大,装填密度高。

当因内孔通气参量大而引起初始压强峰过大时,可通过分段装药组合的方式,或在装药后端内孔处设置锥面等措施加以改善,从而获得高装填密度的装药设计。当因大燃层厚的星形药形,在星边消失后的增面比很大时,可通过装药相关性设计(见第 4 章),采取调整药形措施或调整推进剂性能等措施进行调整,也可获得高装填密度的装药设计。

(4) 在燃烧室内安装简便。星形装药的两端和外侧面都要采用包覆阻燃,外侧面与燃烧室间仅留够装配间隙就行,无需径向定位或固定结构,两端的端面包覆,也给密封、缓冲和安装等装填结构设计带来方便。星形装药和其他自由装填的内孔燃烧药形一样,装填简便。

(5) 装填设计要点。对自由装填式星形装药,要通过补偿、缓冲和密封设计保证在初始燃烧瞬间,装药外表面与燃烧室壳体内表面间的燃气处于滞止状态,以防止有燃气流动时,引起对包覆外表面的烧蚀和冲刷。

对贴壁浇铸式装药,为防止因固化温度下降时药柱收缩引起界面处包覆被撕裂;防止装药在高低温骤变的温差环境下,药柱被温度应力所破坏,除要求推进剂药柱有足够的抗拉强度和延伸率以外,需采用人工脱粘等技术措施,以保证装药工作可靠。

(6) 星形药形装药的缺点。星形药形装药在燃烧到星边消失后,曲线上翘明显,这是由该药形的燃面变化规律所决定的,这也是星形药形的缺点。通过相关性设计,采用在药柱后端内表面设置锥面的措施加以改善。也可选用在指定压强范围内具有"麦撒效应"推进剂,当压强指数小于 −0.2 时,可明显使曲线后端上翘问题得到改善。这种压强指数为负值的推进剂,已有产品在应用。因其压强指数低,压强温度敏感系数小,动力推进系统的性能参数散布大大减小。

2）药形参数确定

星形药形由药柱外径 D_P、药柱燃层厚 e_1、药柱长度 L_p、星角数 n、星边夹角 θ、角度系数 ε、星顶圆半径 r、星根圆半径 r_1、及特征长度 L 来确定。星形装药见图 3 – 1，药形参数见图 3 – 2。

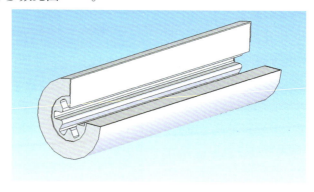

图 3 – 1　星形装药

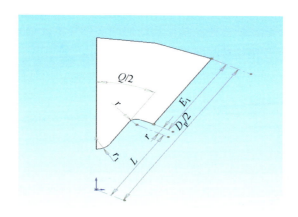

图 3 – 2　星形药形参数

（1）药柱外径 D_p，药柱长度 L_p，一般由发动机结构设计给定。若直径限定时，装药药柱质量决定了药柱的长度；

（2）星角数 n 一般选 5 ~ 8；

（3）角度系数 ε 由设计选定，ε 的大小影响形顶角的形状，ε 一般取值在 0.5 ~ 0.95，取值小时，燃烧后的余药少；

（4）星形顶圆半径 r 和星形根圆半径 r_1 都是角与边过渡圆弧，设置该圆弧

是为减小药柱受力后产生的应力集中,其圆弧半径要根据药形尺寸的大小来确定;

（5）特征长度 $L = D_p/2 - (e_1 + r)$;

（6）药柱总燃层厚 $e_1(E_1) = ut_b$;

（7）星边消失点燃层厚度 $e^* = (L \cdot \sin(\varepsilon \cdot \pi/n))/\cos(\theta/2)$;

（8）星边夹角 θ,要根据所选星形增、减或恒面燃烧特性来选取。

3) 计算公式

星形药形的燃烧面与药形几何参数的变化关系,已有成熟的数学公式来表征。现以 S_b 表示瞬时燃烧面积, A_{np} 为通气面积, e 表示瞬时燃层厚度, e^* 表示星边消失时的燃层厚,将有关计算公式分别表示如下。

（1）用式（3-1）~式（3-5）计算星形药形的燃烧面积 S_b。

$0 \leqslant e \leqslant r_1$ 时:

$$S_b/L = 2n\big[(\sin(\varepsilon \cdot \pi/n))/(\sin(\theta/2)) + (1 - \varepsilon) \cdot$$
$$\pi/n + ((r + e)/L) \cdot (\pi/2 + \pi/n - \theta/2 - \cot(\theta/2)) -$$
$$((r_1 - e)/L) \cdot (\cot(\theta/2) + \theta/2 - \pi/2)\big] \qquad (3-1)$$

$r_1 \leqslant e \leqslant e^*$ 时:

$$S_b/L = 2n\big[(\sin(\varepsilon \cdot \pi/n))/(\sin(\theta/2)) + (1 - \varepsilon) \cdot$$
$$\pi/n + ((r + e)/L) \cdot (\pi/2 + \pi/n - \theta/2 - \cot(\theta/2))\big] \quad (3-2)$$

$e^* \leqslant e \leqslant e_1$ 时:

$$S_b/L = 2n\big\{ (1 - \varepsilon) \cdot \pi/n + (r + e)/L \cdot \big[(\pi/n) +$$
$$\arcsin((\sin\varepsilon \cdot \pi/n)/(r + e)/L)\big]\big\} \qquad (3-3)$$

（2）用式（3-4）~式（3-6）计算星形药形的通气面积 A_{np}。

$0 \leqslant e \leqslant r_1$ 时:

$$A_{np}/L^2 = n\big[(1 - \varepsilon) \cdot \pi/n + \sin(\varepsilon \cdot \pi/n) \cdot (\cos(\varepsilon \cdot \pi/n) -$$
$$\sin(\varepsilon \cdot \pi/n) \cdot \cot(\theta/2)\big] + 2n(e + r)/L \cdot$$
$$\big[\sin(\varepsilon \cdot \pi/n)/\sin(\theta/2) + (1 - \varepsilon) \cdot \pi/n\big] +$$
$$n((e + r)/L)^2 \cdot (\pi/2 + \pi/n - \theta/2 - \cot(\theta/2)) +$$
$$n((r_1 - e)/L)^2 \cdot (\theta/2 + \cot(\theta/2) - \pi/2) \qquad (3-4)$$

$r_1 \leqslant e \leqslant e^*$ 时:

$$A_{np}/L^2 = n\big[(1 - \varepsilon)\pi/n + \sin(\varepsilon \cdot \pi/n) \cdot (\cos(\varepsilon \cdot \pi/n) -$$

$$\sin(\varepsilon \cdot \pi/n) \cdot \cot(\theta/2))] + 2n(e+r)/L \cdot$$
$$[\sin(\varepsilon \cdot \pi/n)/(\sin(\theta/2) + (1-\varepsilon) \cdot \pi/n] +$$
$$n((e+r)/L)^2 \cdot (\pi/2 + \pi/n - \theta/2 - \cot(\theta/2)) \qquad (3-5)$$

$0 \leqslant e \leqslant e_1$ 时:

$$A_{np}/L^2 = n[(1-\varepsilon) \cdot \pi/n + \sin(\varepsilon \cdot \pi/n) \cdot (\cos(\varepsilon \cdot \pi/n) -$$
$$\sin(\varepsilon \cdot \pi/n) \cdot \cot(\theta/2))] + 2n(e+r)/L \cdot$$
$$[(\sin(\varepsilon \cdot \pi/n))/(\sin(\theta/2)) + (1-\varepsilon) \cdot \pi/n] +$$
$$n((e+r)/L)^2 \cdot (\pi/2 + \pi/n - \theta/2 - \cot(\theta/2)) +$$
$$\pi/n \cdot (e+r)/L + \sin(\varepsilon \cdot \pi/n)/((e+r)/L) \cdot$$
$$\arcsin(\sin(\varepsilon \cdot \pi/n)/((e+r)/L)) +$$
$$[1 - (\sin(\varepsilon \cdot \pi/n))/((e+r)/L)^2]^{(1/2)} \qquad (3-6)$$

对于星形药形,需要计算余药面积时,可用计算的通气面积值采用计算机程序进行推算。选择星形药形时,可通过改变星形参数,计算出多种初始燃面值,以便确定合适的星形药形。

4) 计算实例

用星形药形参数计算解析式,采用编程计算的方法,可计算各燃层厚度的逐点值,这对分析燃面变化规律、估算内弹道曲线形状很有帮助。

现以 VB 语言编写的星形药形计算子程序为例,给出计算结果。

(1) 星形药形输入参数见表 3 - 1。

表 3 - 1　星形药形输入参数

参数	数值	参数	数值
药柱直径 D_p/cm	15	星角数目 nn	6
特征长度 L/cm	3.421	星尖半径 r/cm	0.3
星边夹角 θ/(°)	60	星根半径 r_1/cm	0.5
星角系数 ee	0.75	药柱长度 L_p/cm	55

(2) 参数输入界面见图 3 - 3。

(3) 计算子程序,见附录。

(4) 计算结果。该计算结果,直接在窗口界面输出(表 3 - 2),也可打印输

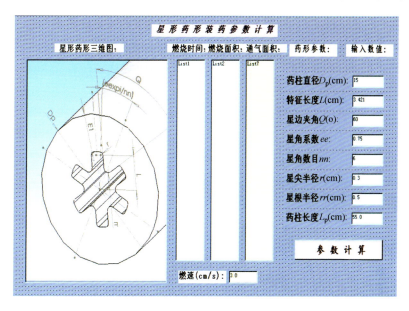

图 3 - 3　星形药形参数输入窗口

出或经转换,输出到相应软件上,作出变化曲线或另作数据处理。现给出直接在窗口界面输出的结果。图 3 - 3 中"燃烧时间"按燃层厚度计算。

表 3 - 2　星形药形燃烧面积和通气面积计算结果

燃层厚度/mm	燃烧面积/cm²	通气面积/cm²	燃层厚度/mm	燃烧面积/cm²	通气面积/cm²
0	1818.09	45.91	15	1925.72	58.59
1	1825.27	46.86	17	1940.06	60.03
3	1839.62	48.72	19	1954.41	61.41
5	1853.97	49.61	21	1968.76	62.73
7	1868.32	50.50	23	1983.11	64.00
9	1882.67	53.92	25	1997.47	65.20
11	1897.02	55.53	27	2011.82	66.35
13	1911.37	57.09			

2. 车轮药形

1）药形分析

（1）燃烧面变化特性。内孔为车轮形药柱燃烧面变化规律与内孔为星形药形的药柱大体相同。在轮臂消失前和消失以后的变化规律有所不同,在轮臂消失前,燃烧面可呈现增面燃烧、减面燃烧或恒面燃烧特性,这点与星形药形相同。

$\tan(\theta/2) + \csc(\theta/2) < \pi/2 + \pi/n$ 时,为增面燃烧特性;

$\tan(\theta/2) + \csc(\theta/2) > \pi/2 + \pi/n$ 时,为减面燃烧特性;

$\tan(\theta/2) + \csc(\theta/2) = \pi/2 + \pi/n$ 时,为恒面燃烧特性。

轮臂消失后,为增面燃烧特性,并与星形药形星边消失后的燃面变化相一致。

(2)燃烧面积较大。相同药柱直径下,可设计的车轮药形燃烧面要比星形药形大,适于用作短燃时大推力的动力推进系统装药药形。

(3)可实现多推力。由该药形参数的关系可推知,改变轮臂高度、轮缘弧厚和轮臂厚度,可形成双推力或三推力,但由于燃层厚度相差小,各推力间的持续时间较短,推力比也较小;一般选用这种装药的药形多是轮壁厚度和轮缘弧厚相同的单推力药形。

(4)装填密度较低。与内孔燃烧的各种药形相比,车轮形药形的装填密度较低,相同药柱质量下,装药长度大。采用选取高燃速推进剂,增大轮壁厚度和轮缘弧厚的措施,从而增大装填密度,由于受到轮臂高度的限制,高装填密度的车轮形药形,常常难以实现。装药外貌如图3-4所示,车轮药形参数如图3-5所示。

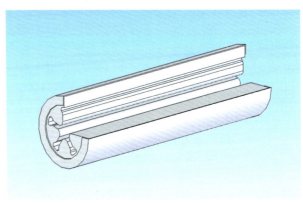

图3-4 车轮药形装药

2)药形参数确定

如图3-5所示,车轮形药形由药柱外径 D_p,药柱燃层厚 e_1,药柱长度 L_p,车轮形参数:特征长度 L,轮臂数 n,轮边夹角 θ,角度系数 ε,过渡圆弧半径 r,轮臂角圆弧半径 r_1,轮臂圆弧半径 r_2,以及轮臂高度 h 来确定。

(1)药柱外径 D_p、药柱长度 L_p,由发动机结构设计给定;

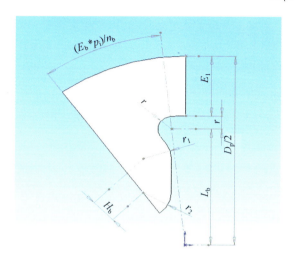

图 3 – 5　车轮药形参数

（2）轮臂数 n、角度系数 ε 由设计选定，n 一般选 3~6；

（3）ε 的大小影响形顶角的形状，ε 一般取值在 0.8~0.95，取值小时，燃烧的余药少；

（4）过渡圆弧半径 r 是顶圆与轮边过渡圆弧半径，设置该圆弧是为减小药柱受力后产生的应力集中，设置轮臂角圆弧半径 r_1，轮臂圆弧半径 r_2，是为使轮臂根处圆滑过渡；

（5）特征长度 $L = D_p/2 - (e_1 + r)$；

（6）药柱燃层厚 $e_1(E_1) = ut_b$；

（7）轮臂消失点燃层厚度 $y^* = \sin(\pi/n)$；

（8）轮边夹角 θ，要根据所选车轮形药形的增、减或恒面燃烧特性来选取。

3）计算公式

（1）轮臂消失前（$y \leqslant y^*$）的燃烧面积：

$$
\begin{aligned}
s/L = {} & 2n\big[\sin(\varepsilon \cdot \pi/n)/(\sin\theta/2) + (1 - \varepsilon) \cdot \pi/n + \\
& h_0/L + y((\pi/2) + \pi/n - \tan(\theta/4) - \csc(\theta/2))\big] - 2n \\
& \big[2(r_2 - e)/L) \cdot (\tan(\theta/4) - \theta/4) + ((r_1 - e)/L) \cdot \\
& (\tan(\theta/2) - \theta/2)\big]
\end{aligned}
\tag{3-7}
$$

（2）轮臂消失后（$y \geqslant y^*$）的燃烧面积：

$$s/L = 2n\{(1 - \varepsilon) \cdot \pi/n + y[\pi/n +$$
$$\arcsin(\sin((\varepsilon \cdot \pi/n)/y))]\} \quad (3-8)$$

（3）通气面积公式：

$$A_{ap}/L^2 = n[(1 - \varepsilon) \cdot \pi/n + \sin(\varepsilon \cdot \pi/n) \cdot (\cos(\varepsilon \cdot \pi/n) -$$
$$\sin(\varepsilon \cdot \pi/n) \cdot \cot(\theta/2) - 2h_0/L)] +$$
$$2ny[\sin(\varepsilon \cdot \pi/n)/\sin(\theta/2) + (1 - \varepsilon) \cdot \pi/n +$$
$$h_0/L] + ny^2(\pi/2 + \pi/n - \tan(\theta/4) - \csc\theta/2) +$$
$$2n((r_2 - e)/L)^2 \cdot (\tan(\theta/4) -$$
$$\theta/4) + n((r_1 - e)/L)^2 \cdot (\tan(\theta/2) - \theta/2) \quad (3-9)$$

4）计算实例

用车轮形药形参数计算解析式，采用编程计算的方法，可计算随燃层厚度变化的燃烧面积和通气面积逐点数值，用来分析燃面变化规律，估算内弹道曲线形状。

现给出用 VB 语言编写的车轮形药形燃面计算子程序，及随燃层厚变化计算结果。

（1）车轮药形输入参数见表 3-3。

表 3-3　车轮药形输入参数

参数	数值	参数	数值
药柱直径 D_p/cm	15	轮尖半径 r/cm	0.3
特征长度 L_b/cm	4.6	轮臂半径 r_1/cm	1.0
轮边夹角 q_c/(°)	72	轮根半径 r_2/cm	1.0
角度系数 E_b	0.828	药柱长度 L_p/cm	55
轮臂数目 n_b	6		

（2）参数输入界面见图 3-6。

（3）计算子程序，见附录。

（4）计算结果。在窗口界面输出结果见表 3-4，图 3-6 中"燃烧时间"按燃层厚度计算。

3. 管槽药形

1）药形分析

（1）燃烧面变化特性。该药形由内孔燃烧形面和端面开纵向槽的形面组

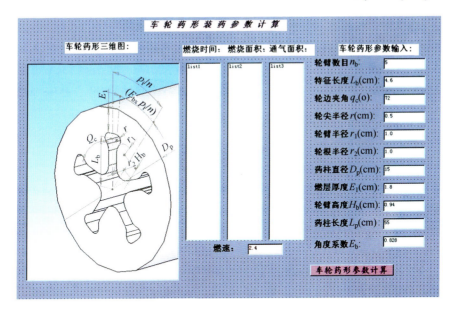

图 3 - 6　车轮药形参数输入界面

成。常采用两端面和外侧面阻燃,利用各槽形表面燃烧的减面性,与内孔燃烧的增面性相互补偿,通过调整开槽长度和开槽数目,可实现增面燃烧、减面燃烧或恒面燃烧特性。

表 3 - 4　车轮药形燃烧面积计算结果

燃层厚度/mm	燃烧面积/cm²	燃层厚度/mm	燃烧面积/cm²
0	2694. 11	15	2968. 58
1	2730. 71	17	3005. 17
3	2749. 01	19	3041. 77
5	2785. 60	21	3078. 37
7	2822. 20	23	3114. 96
9	2858. 79	25	3151. 56
11	2895. 39	27	3188. 15
13	2931. 98		

（2）装填系数高。管槽药形装药,一般采用前端和外侧面包覆的形式,药形较简单,与其他内孔燃烧药形相比,装填系数较高,燃烧无余药。

（3）燃烧稳定性较好。内孔燃烧面和开槽侧面燃烧面生成的燃烧气体呈扩散流动,利于稳定燃烧。

（4）对侧面包覆要求高。开槽处的装药包覆很快与燃气流接触,并受燃气流的烧蚀和冲刷,这就使壳体隔热层很快受到高温作用,对壳体强度有不利影响。装药外貌如图 3 - 7 所示。

2）药形参数确定

如图 3 - 8 所示,管槽形药形由以下药形参数确定:

（1）药柱外径 $D_p = 2R$,内径 $d_p = 2r_0$,计算程序中用 $d_k(2r_k)$,药柱长度 L_p;

（2）开槽长度 L_m,计算程序中用 L_k,槽宽 H_k 和开槽数 n 由设计需要的增减或恒面燃烧特性来确定;

（3）药柱燃层厚 $e_1 = R - r_0$。

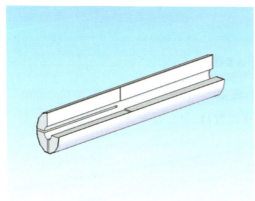

图 3 - 7　管槽药形装药

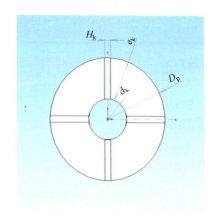

图 3 - 8　管槽药形参数

3）计算公式

管槽药形药柱的燃烧面由内向外推移,共分三个阶段,各阶段燃面 S_b 计算公式为:

第一阶段:$0 < e \leqslant (r_0 \sin(\pi/n) - x)/(1 - \sin(\pi/n))$

$$S_b = 2\pi(e + r_0)(L_p - L_m) + [8(R^2 - (x + e)^2)^{1/2} -$$
$$8(e + r_0) \cdot \sin(\pi/n + \alpha/2) + 4\alpha(e + r_0)]L_m \qquad (3 - 10)$$

第二阶段:$(r_0 \sin(\pi/n) - x)/(1 - \sin(\pi/n)) < e \leqslant R\sin(\pi/n) - x$

$$S_b = 2\pi(e + r_0)(L_p - L_m) + [8(R^2 - (x + e)^2)^{1/2} - 8(e + x)]L_m$$
$$(3 - 11)$$

第三阶段:$R\sin(\pi/n) - x < e \leq (R - r_0)$

$$S_b = 2\pi(e + r_0)(L_p - L_m) \qquad (3-12)$$

4)计算实例

用管槽形药形参数计算解析式,采用编程计算的方法,可计算各燃层厚度的逐点值,用来分析燃面变化规律,估算内弹道曲线形状。

现给出用 VB 语言编写的管槽形药形燃面计算子程序,及随燃层厚变化计算结果。

(1)管槽药形输入参数见表 3-5。

表 3-5 管槽药形输入参数

参数	数 值	参数	数 值
药柱外径 D_p/cm	12	开槽数目 n	4
药柱内径 d_k/cm	4	药柱长度 L_p/cm	90
开槽长度 L_k/cm	40	总燃层厚 e_k/cm	2.5
开槽宽度 H_k/cm	0.6		

(2)输入参数界面如图 3-9 所示。

(3)计算子程序,见附录。

(4)计算结果(图 3-9 中"时间"按燃层厚度计算)如表 3-6 所列。

表 3-6 管槽药形燃烧面积计算结果

燃层厚度/mm	燃烧面积/cm²	燃层厚度/mm	燃烧面积/cm²
0	2108.61	15	2148.43
1	2111.61	17	2153.69
3	2114.60	19	2158.84
5	2177.55	21	2163.86
7	2129.15	23	2168.77
9	2134.79	25	2173.56
11	2137.57	27	2178.22
13	2143.06	28	2179.91

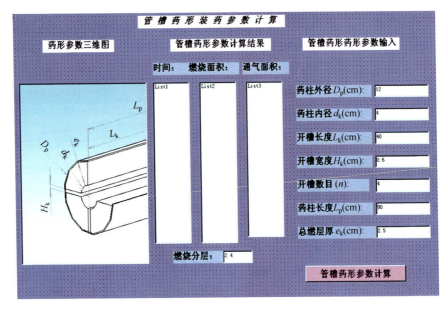

图 3-9　管槽药形参数输入界面

4. 锁形药形

1）药形分析

（1）燃烧面变化特性。这种药形的燃面变化特点是内孔呈增面燃烧,外侧面呈减面燃烧,由于药形大端内圆孔与扁圆孔中间有公共结合部,内外燃面呈弱增面性,当药柱两端面同时燃烧时,由于端面燃烧具有弱减面性,使整个燃面燃烧时,基本上呈恒面燃烧特性。

（2）适于环形燃烧室装填。一般药柱外形面都是全对称的,即上、下、左、右四个方向相互对称,而锁形药形药柱只有两个方向对称,而另两个方向是非对称的,呈一端大、一端小,采用多根环形排列后,正适合环形燃烧室装填。

（3）装填密度大。这种药形药柱装在环形燃烧室内时,结构简单、匀称,形成完整对称,装填方便,装填密度大。

（4）点燃性能好。由于多根药柱环形装填的疏密程度适宜,整体结构对称性好,各燃面容易同时被点燃,燃气的流动性好。

（5）药形中间有余药。这种药柱的主要缺点是药形中间存在余药,需仔细根据环形燃烧室的径向尺寸确定药形尺寸。

2）药形参数确定

如图 3-11 所示,锁形形药由药柱总长度 L_p,锁形面宽度 L,扁头中心距 L_1,

锁孔中心距 H，大圆外半径 R，小圆外半径 R_1，大圆内半径 rr，小圆内半径 rr_1 来确定。

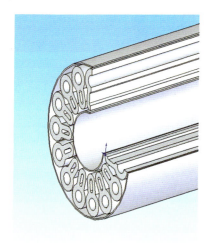
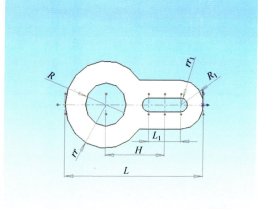

图 3-10　锁形药形装药　　　　图 3-11　锁形药形参数

（1）药柱长度 L_p，锁形面宽度 L，由发动机结构设计给定；

（2）大圆外半径 R，小圆外半径 R_1，大圆内半径 rr，小圆内半径 rr_1 由环形燃烧室内腔尺寸来确定；

（3）药柱燃层厚 $e_1 = R - rr = R_1 - rr_1$。

3）计算公式

$$S_{bsx} = 2\pi(R + r + r_1) + \pi(R_1 + e) + 2H + 3L_1 - 2(R - e)$$

$$[\arcsin((R_1 - e)/(R - e)) + \cos(\arcsin((R_1 - e)/(R - e)))]$$

$$(3-13)$$

4）计算实例

用推导出的锁形药形参数计算解析式，采用编程计算的方法，可计算各燃层厚度的逐点燃烧面，用来分析燃面变化规律，估算内弹道曲线形状。

现给出用 VB 语言编写的锁形药形燃面计算子程序，及随燃层厚变化的计算结果。

（1）锁形药形输入参数见表 3-7。

表 3 – 7　锁形药形输入参数

参数名称	数 值	参数名称	数 值
药柱总长度 L_p/cm	20	小圆外半径 R_1/cm	1.4
锁形面宽度 L/cm	8.55	大圆内半径 rr/cm	1.25
扁头中心距 L_1/cm	2.0	小圆内半径 rr_1/cm	0.4
锁孔中心距 H/cm	3.65	药柱根数 n	14
大圆外半径 R/cm	2.5		

（2）参数输入界面见图 3 – 12。

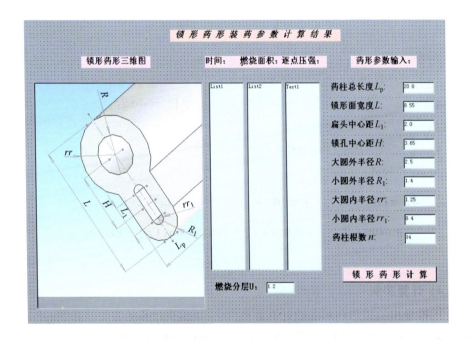

图 3 – 12　参数输入界面

（3）计算子程序,见附录。

（4）计算结果(图 3 – 12 中"时间"按燃层厚度计算)如表 3 – 8 所列。

第3章 装药药形设计求

Chapter 3 Propellant grain form design

表 3 – 8　锁形药形燃烧面积计算结果

燃层厚度/mm	燃烧面积/cm²	燃层厚度/mm	燃烧面积/cm²
0	11757.74	15	12010.96
1	11774.58	17	12044.82
3	11808.28	19	12078.71
5	11842.00	21	12112.63
7	11875.75	23	12146.57
9	11909.52	25	12180.54
11	11943.31	27	12214.83
13	11977.12		

5. 梅花药形

1）药形分析

（1）燃烧面变化特性。

梅花药形由管形药形演变而来，一般对药柱两端面进行包覆，燃烧面随燃层厚度变化接近恒面。当前端包覆，后端不包覆时，略显减面。

（2）适用于大燃烧面药形。

当采用多根薄燃层厚的装药时，燃烧面积较大。

（3）装填密度大。

对于管状装药，药柱质量与直径的平方成正比，增加同尺寸的外径要比减少内径所增加的药柱质量要大。在相同燃层厚的条件下，将大尺寸外径的管形设计成梅花药形药柱，既增加了装填密度，又可使装药的外通气参量减小。

（4）药形无余药。

梅花形药形装药燃烧后，与管状药形一样，不产生余药。

2）药形参数确定

如图 3 – 13 和图 3 – 14 所示，梅花形药由药柱总长度 L_p，药柱直径 D_p，特征长度 L，外圆弧半径 R_{p1}，内圆弧顶半径 rr，内圆弧根半径 rr_1，梅花瓣数（圆弧数）m 来确定。

（1）药柱长度 L_p，药柱直径 D_p，由发动机结构设计给定；

（2）外圆弧半径 R_{p1}，内圆弧顶半径 rr，内圆弧根半径 rr_1 大小的确定，不仅要由药柱的直径大小确定，也要根据需要调整内外通气参量的比值的大小来确定；

（3）药柱燃层厚 $e_1 = D_p/2 - rr - E_1$。

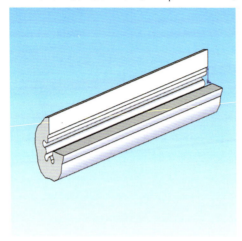 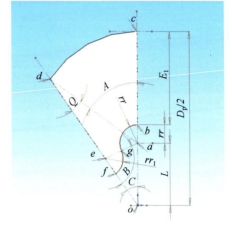

图 3 - 13　梅花药形药柱　　　　图 3 - 14　梅花药形参数

3）梅花药形计算公式的推导

梅花药形也称多圆弧形，按照该药形的几何关系，可方便地推导出药形参数与几何参数之间的关系式。

燃烧面积计算公式：

由图 3 - 14 可知，$\angle C = \pi/m$。$\sin\angle C = \sin(\pi/m)$。

求 $\angle B$：

$\triangle oea$ 中，$L/\sin\angle B = (rr + rr_1)/\sin\angle C$，

$\sin\angle B = \sin(\pi/m) \cdot L/(rr + rr_1)$，

$\angle B = \arcsin(\sin(\pi/m) \cdot L/(rr + rr_1))$。

求 $\angle Q$：

$\triangle oda$ 中，$L/\sin\angle Q = (rr + E_1)/\sin(\pi/m)$，

$\sin\angle Q = \sin(\pi/m) \cdot L/(rr + E_1)$，

$\angle Q = \arcsin(\sin(\pi/m) \cdot L/(rr + E_1))$。

梅花药形各尺寸关系如图 3 - 14 所示。

若药柱长度为 L_p 时，初始燃烧面积（$e = 0$）为

$$S_b(0) = S_z m L_p$$
$$= (弧长\,fg + 弧长\,gb + 弧长\,dc)mL_p$$
$$= (rr_1 \cdot \angle B + (\angle Q + \angle C) \cdot rr + (rr + E_1) \cdot$$
$$(\angle Q + \angle C))mL_p$$
$$= 2mL_p(rr_1 \cdot \arcsin(\sin(\pi/m) \cdot L/(rr + rr_1)) +$$
$$(rr + E_1) \cdot (\arcsin(\sin(\pi/m) \cdot L/(rr + E_1)) + (\pi/m))$$
$$\hspace{10cm}(3-14)$$

式中: S_z 周边长; n 为药柱根数。

瞬时燃烧面为:

当 $e < rr_1$ 时,
$$S_b(i) = 2mL_p((rr_1 - e) \cdot \arcsin(\sin(\pi/m) \times$$
$$L/(rr + rr_1)) + (rr + e + E_1) \cdot (\arcsin(\sin(\pi/m) \cdot$$
$$L/(rr + e + E_1)) + (\pi/m))\hspace{4cm}(3-15)$$

当 $e >= rr_1$ 时,
$$S_b(i) = 2mL_p(rr + e) \times (\arcsin(\sin(\pi/m) +$$
$$(\pi/m))) + (rr - e + E_1) \cdot (\arcsin(\sin(\pi/m) \cdot$$
$$L/(rr + E_1)) + (\pi/m)\hspace{4cm}(3-16)$$

4）计算实例

用推导出梅花药形参数计算解析式,采用编程计算的方法,可计算各燃层厚度的逐点燃烧面,用来分析燃面变化规律,估算内弹道曲线形状。

现给出用 VB 语言编写的梅花形药形燃面计算子程序,及随燃层厚变化计算结果。

（1）梅花药形输入参数见表3-9。

表3-9　梅花药形输入参数

参数	数值	参数	数值
药柱总长度 L_p/cm	5.6	内圆弧顶半径 rr/cm	0.3
药柱外径 D_p/cm	30	内圆弧根半径 rr_1/cm	0.3
特征长度 L/cm	1.0	梅花瓣数 m	5
外圆弧半径 R_1/cm	1.0		

（2）参数输入界面见图 3 – 15。

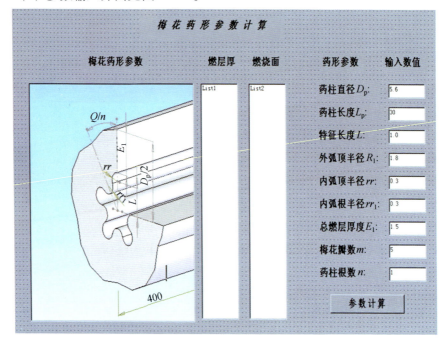

图 3 – 15　参数输入界面

（3）计算子程序见附录。

（4）计算结果如表 3 – 10 所列。

表 3 – 10　梅花药形燃烧面积计算结果

燃层厚度/mm	燃烧面积/cm²	燃层厚度/mm	燃烧面积/cm²
0	821.83	15	791.29
1	819.84	17	707.03
3	815.84	19	708.86
5	811.86	21	710.65
7	807.86	23	712.40
9	803.87	25	714.11
11	797.38	27	715.81
13	795.89	28	717.49

6. 管形药形

1）药形分析

（1）药形简单,用途较广；

（2）具有恒面燃烧特性；

（3）单根药柱适用于大燃层厚装药；

（4）多根薄燃层厚药柱适于毛刷式装药；

（5）药柱燃烧无余药。

2）药形参数确定

管状药柱由药柱外径 D_p,药柱内径 D_i,药柱长度 L_p 和药柱根数 n 决定。

3）计算公式

对一端包覆的管状药柱,燃烧面积计算公式为

$$S_b(i) = n\pi((D_p - 2e) + (D_i - 2e)) \cdot (L_p - e) \qquad (3-17)$$

一端包覆的管形药柱,燃烧面变化略呈减面性。

4）计算实例

用管形药形参数计算解析式,采用编程计算的方法,可计算各燃层厚度的逐点燃烧面,用来分析燃面变化规律,估算内弹道曲线形状。

现给出用 VB 语言编写的管形药形燃面计算子程序,及随燃层厚变化的计算结果。

（1）管形药形输入参数见表 3 – 11。

表 3 – 11 管形药形输入参数

参数	数值	参数	数值
药柱长度 L_p/cm	10.5	药柱内径 D_i/cm	93.5
药柱外径 D_p/cm	5.65	药柱根数 n	1

（2）参数输入界面见图 3 – 16。

（3）计算子程序见附录。

（4）计算结果。

单根管状药柱一端包覆装药燃面计算结果见表 3 – 12。图 3 – 16 中"时间"按燃层厚度计算。

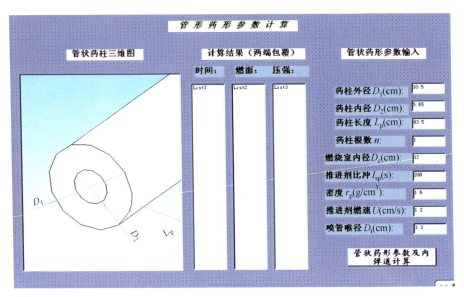

图 3-16　参数输入界面

表 3-12　管形药形燃烧面积计算结果

燃层厚度/mm	燃烧面积/cm²	燃层厚度/mm	燃烧面积/cm²
0	4743.88	15	4734.75
1	4743.27	17	4733.53
3	4742.05	19	4732.31
5	4740.84	21	4731.09
7	4739.62	23	4729.88
9	4738.40	25	4728.66
11	4737.18	27	4727.44
13	4735.96	28	4726.22

3.2.2　采用图形法计算变截面药形

1. 三维几何图形坐标法

变截面药形是指沿发动机轴向,药柱截面是变化的药形,这种药形在直角坐标系中,可用三维坐标参数来表征典型的几何形体,如球体、锥台、圆柱体、三棱体、长方体等,再用这些与药柱表面形状相同的几何体与其拟合,在坐标系中按照等距或不等距的小步长,作体积对距离的微分来求出面积,而不是用精确的解析式来计算药形的几何参数。对这类药形的计算方法,国外曾做过大量研究,也推出一些借助计算机计算的方法,如由 E. G. Peterson,C. C. Nielsen,W. C. Johnson,J. G. Barron 等人编著的"Generalied coordinate grain and internal ballistics evaluation program",采用了这种通用坐标法来进行三维药柱药形计算和内弹道计算。在国内的一些教材中也有介绍,由于编制和推算几何形面的程序较繁杂,设计计算中应用的不多。三维绘图软件的使用使变截面复杂药形的设计计算变得很方便,三维绘图法得到广泛采用。

2. 三维绘图法

近几年,随着计算机多种三维绘图软件的问世,使三维药柱的药形计算变得更加便捷和实用。不论等截面或变截面的药形,都可方便地用这种方法进行计算。

由于这种计算方法可以实现绘图、计算同时完成,计算结果表征和图形展示又很直观,可计算的项目和内容多,且具有计算速度快、准确性高等优点,这种方法在装药设计中被广泛采用。

1)计算初始燃面

三维图形计算方法是在三维作图的基础上完成计算的。药柱的三维图形绘制完后,打开绘图软件中表面积计算窗口,用鼠标单击要计算的表面,该窗口的结果栏中立即给出该表面的面积。

2)计算药柱指定截面的通气面积

利用药柱的三维图计算端(截)面积,用程序界面相关命令和菜单进行操作计算。

打开绘图软件中面积计算窗口,用鼠标单击要计算的端面,该窗口的结果栏中立即给出该端(截)面的面积。再用燃烧室截面积和药柱截面积进行适当的换算,即可求出指定截面的通气面积。

3)计算燃面随燃层厚度变化

燃面随燃层厚度变化,是通过作图和软件窗口计算相结合进行的,根据药柱燃烧的平行层燃烧理论,在垂直燃烧表面方向,选取某一燃层厚,作出燃烧瞬时的燃烧面图形,再打开计算窗口,按指定命令计算该燃面的表面积。反复进行作图和计算,即可完成燃面随燃层厚度变化的全部计算。

4)计算药柱质量

打开相应的计算窗口,给定该药柱所用推进剂的密度后,结果栏中即出该药柱的质量。

利用三维图形计算方法,可借助该软件和药柱的三维图形,计算药柱的重心位置、惯性矩、极转动惯量、赤道转动惯量等用于总体计算和分析数据。

借助药柱分层燃烧药形图,使用该软件计算质量随燃层厚度变化,及质量随燃烧时间变化的数据和关系曲线,需要时用于总体作飞行质量分析。详细设计计算见第 4 章。

总之,采用三维绘图法,使用通用软件作图和计算的速度都较快,可以满足计算各种变截面和复杂药形药柱的需要,同时,可将三维图形方便地转换成二维工程图,用于成形和机械加工用图,方便准确。

第 4 章　装药性能设计

装药性能设计主要是依据装药技术要求,选择推进剂的性能和药形设计结果,对装药进行各项性能计算和分析,是装药设计的主要内容。在装药设计中,装药药形设计和装药性能设计又是密不可分的。先通过装药性能初步设计计算,给出药形设计所需的参数,依此进行药形设计,确定药性参数;在获取了推进剂实测性能的基础上,再进行装药性能详细设计和计算,主要内容包括:计算装药药形的燃烧面积随燃层厚度的变化规律;根据所选推进剂的实测性能,推进剂燃速随压强变化的逐点数据,进行装药内弹道计算,给出压强随燃烧时间变化的逐点数据和变化规律;按照内弹道计算结果,计算推力随时间变化的逐点数据和变化规律,即得到推力方案的计算结果。此外,装药性能计算还包括,当装药性能计算结果、装药性能实测结果与装药弹道性能要求出现超差时,需要对装药的药形或推进剂的性能作适当的调整,这些调整性能的计算也是装药性能详细设计计算的重要内容。装药设计者所追求的是设计计算结果、试验结果与指标参数要求的一致性。

在装药设计和性能试验中,通过相关性设计与分析来最后确定药形和推进剂的性能,是装药设计的重要内容。相关性设计是指,通过对装药燃面随燃层厚度的变化规律、推进剂燃速随压强的变化规律以及压强随燃烧时间的变化规律,进行计算与分析,根据发动机推力方案和弹道性能要求,经过对药形参数或推进剂相关性能进行适当调整,得到能满足发动机弹道性能指标参数的内弹道曲线,依此确定能满足发动机弹道性能要求的装药药形和推进剂性能参数,是进行相关性设计的主要内容。

装药性能设计,还包括在特定条件下或有特殊要求时,按常规设计难于达到某项要求时,需要采取新的设计思路和方法进行装药性能设计。如,为实现大装药量装填,需进行高密度装填装药设计;为解决降低压强曲线初始压强峰值、变燃面内孔燃烧药形压强曲线尾段上翘问题,需要进行装药相关性设计;为保证在受力状态下装药结构的完整性,还需进行装药装填设计等内容。

研制过程中,在各研制阶段都要反复进行装药性能计算。方案阶段,根据药形参数和推进剂相关性能进行装药性能计算,分析所设计的药形与所选推进剂性能,是否初步满足装药技术要求;方案阶段后期和初样阶段初期,要根据调整后的药形参数和推进剂的实测性能,计算各弹道性能参数与试验结果的一致性;初样机阶段,在计算结果与试验结果相一致的基础上,即可进行系统性试验。若出现差异,要通过适当调整药形参数或推进剂性能,并经初样机试验考核,使装药性能满足装药技术要求,为正样机阶段固定主要设计参数和冻结推进剂配方及工艺奠定基础。

总之，要分别按照研制要求达到各阶段的研制目标：方案阶段，装药的技术方案可行；初样阶段，装药的主要性能满足要求；正样阶段，装药的性能稳定；鉴定阶段，全面满足装药技术要求。装药性能设计与计算就是要为装药研制目标的实现，不断完善设计计算、试验和分析。

4.1　装药性能计算

在装药设计中，装药药形设计和装药性能设计是密不可分的，先根据装药弹道性能参数要求，进行初步设计计算，给出药形设计所需的主要几何尺寸和参数，包括药柱直径、长度、最大燃层厚度、药柱质量、药形设计需保证的燃烧面积等，根据这些参数进行药形选择，并调整其药形参数，使药形设计结果与初步性能设计计算结果相接近，完成药形初步设计；再根据所选推进剂性能和药形设计结果，进行装药性能详细设计计算。

4.1.1　初步设计计算

装药性能计算是以主要弹道性能参数要求、所选推进剂的性能为计算条件，对装药性能进行的计算。

方案阶段，在发动机设计技术要求中，除对发动机直径、长度提出要求外，已对总推力冲量、工作时间或平均推力提出要求，这些指标参数为确定推进剂主要性能参数限定了初步的计算条件。依据初步设计计算结果，主要为选择推进剂和确定对推进剂的性能参数要求提供初步依据。

工程计算式表达出装药弹道性能与推进剂性能之间的参数关系，只要推进剂性能数据是准确的，利用不同的工程计算式计算，所得结果应是一致的或是相近的，以此又可互为校核计算。

装药性能初步计算常用的工程计算式有（详见 2.4.1 节）：

$$W_p = k_1 \cdot I_0 / I_{sp}$$
$$I_0 = I_{sp} \cdot \rho_p \cdot S_b \cdot u \cdot t_b$$
$$F_{cp} = u \cdot \rho_p \cdot S_b \cdot I_{sp}$$
$$F_{cp} = C_F \cdot A_t \cdot P_c$$
$$P_c = (u \cdot \rho_p \cdot S_b \cdot I_{sp})/(C_F \cdot A_t)$$

$$P_c = ((u_1 \cdot \rho_p \cdot S_b)/(C_D \cdot A_t))^{(1/(1-n))}$$

$$u = u_1 \cdot P_c^n$$

式中:k_1——装药余度系数;

I_o——发动机推力冲量(总冲);

F_{cp}——平均推力;

P_c——燃烧室压强;

t_b——燃烧时间;

I_{sp}——发动机比冲;

ρ_p——推进剂密度;

S_b——装药燃烧面;

u——推进剂燃速;

u_1——燃速系数;

n——压强指数;

C_F——推力系数;

C_D——流量系数。

4.1.2 详细设计计算

详细设计计算装药性能是装药设计最为重要的内容。

1. 药形示性数计算

对燃烧面积、通气参量、装填参量等,进行计算与调整,直到满足设计技术要求。对于高密度装填设计装药,如果通气参量过大而使初始压强超标,应采取相应的技术措施,对这种装药的药形参数和各示性数,需进行反复计算,以使各装填参量调整后的数值在允许的范围内。

2. 内弹道计算

内弹道计算的主要内容,包括计算装药燃烧面随燃层厚度的变化规律是否与装药推力变化相关;在使用压强范围内,根据所选推进剂燃速随压强变化,计算压强曲线是否与推力曲线相吻合;计算各特征段的压强逐点数据、平均压强等。

无论是计算参数的变化,还是计算各项指标参数值,其结果均应与实测结果相一致,如出现差异,则应查明原因并予以调整。

3. 弹道性能参数计算

根据燃烧时间参数要求,使用压强下实测推进剂的燃速和实测比冲值,药形设计确定出药柱的最大燃层厚度,核对药柱质量等参数是否满足要求;计算总冲、推力或燃烧时间、特定时间点推力或压强值、推力冲量是否与试验结果相一致并满足要求。

在装药相关性设计和高装填密度装填设计中,同样要进行装药性能设计计算,这些工程计算内容和方法常在项目论证、方案计算和样机性能计算中使用。

4.2　设计性能与实际性能的差异

设计性能与实际性能的差异由多种因素引起,了解和分析产生差异的诸因素,是为了掌握各种因素对装药性能的影响程度,以消除偶然因素的影响,使所设计装药的性能更加稳定。

4.2.1　设计计算误差

这种误差是始终存在的,采用的设计计算方法不同,所产生误差的大小也不同。如等截面药形药柱程序计算结果与三维绘图软件计算结果就存在偏差。各项性能的计算,多采用工程计算公式进行,在理论值和试验之间也必然存在误差。但这些误差经试验不断修正,可以满足动力系统性能计算的需要。

4.2.2　工艺成形误差

工艺成形误差也是不可避免的,分析掌握产生工艺误差的诸因素,对选择确定成形工艺,保证药柱成形质量和装药性能的一致性十分重要。

1. 药模加工误差

这种误差属于系统性误差,只要不影响装药性能,在一定范围内的误差应是允许的。对复杂药形装药,如星形药形、车轮药形、梅花药形或其他组合药形装药,需严格保证各星边、轮臂、花瓣形面分布的均匀度、对称度和几何尺寸的精度。

2. 药模安装误差

药柱成形采用浇铸成形时,容易产生模具安装误差,特别对组合药形药柱的浇铸成形时,各药形界面的轴向尺寸误差更容易产生。这就需要对模具的安装

定位准确,保证发次间各工艺尺寸的一致性。

3. 药柱加工误差

对需要机械加工的药柱,存在药柱装卡的同轴度误差;对所要加工的推进剂药柱尺寸,加工误差比金属零件的要大。对此,需要按图纸要求进行逐发检验。

4.2.3 试验和测试误差

装药实际性能和设计性能的差异,还可能由性能参数测试方法的不同和试验条件的不同产生,特别在研制初期,对推进剂各项性能测试还尚待完备阶段,性能测试结果会有较大的不同,也需要不断地加以修正,尽量消除偶然误差的影响。

1. 能量特性试验中产生的差异

1)推进剂比冲测试与实际使用的差异

推进剂比冲的测试,一般采用标准试验发动机对所用推进剂药柱进行试验测试,根据测得的推力曲线处理实际比冲。也有采用标准"弹道摆"试验测试推进剂药柱的比冲。不论采用哪种试验方法,所测结果都与实际产品发动机的试验结果存有差异。

2)推进剂性能测试难于表征余药的影响

对于星形药形、车轮药形、管槽药形等内孔燃烧的装药,在燃烧后期都存有余药,采用上述方法所测推进剂的性能数据,也很难准确反映实际装药的能量特性。

3)试验条件不同产生的差异

研制样机与推进剂性能试验的发动机或性能评定发动机也有不同,主要是在研制样机的设计中,需根据要求进行隔热密封的设计,装药燃烧过程中热损失小;而推进剂性能试验发动机往往采用厚壁试验发动机,不采取隔热层隔热措施,热损失大。研制样机设计的喷管,对其扩张形面,压强比和扩张比都作了充分的考虑,而在推进剂的性能试验发动机则有时被忽略或不作严格要求,这些试验条件上的差异,也会带来性能上的差异,使得两者的能量特性参数出现不一致。这都需要在研制和试验过程中加以协调,或通过试验加以修正。

2. 燃烧特性参数可能产生的差异

推进剂的燃烧性能和装药在研制样机中的试验测试结果也会有差异。推进剂的燃速是通过燃速仪专用作测燃速的实验设备测试,并按照专业标准处理各项数据,也有采用标准试验发动机进行燃速测试。这些方法的测试结果与研制样机实际试验结果的差异,会影响研制样机工作时间计算结果的准确性,也要在研制试验中加以修正。

研制中不断对装药实际性能和设计性能差异进行适当的调整,一方面使设计能真实反映实际性能,给动力系统设计和总体设计部门提供可靠依据;另一方面,也给稳定装药性能、最后确定成形工艺和冻结推进剂配方提供重要参考。

3. 各种误差对弹道性能的影响

对研制的产品发动机,其实际性能总是在一定范围内波动,除了初温影响外,推进剂性能误差、装药成形误差、发动机零件制造误差,都不可避免地会引起弹道性能的偏离。其影响程度可通过对压强公式微分式的分析得出。

对式 $P_c = (C^* \cdot \rho_p \cdot u_1 \cdot K_N)^{1/(n-1)}$ 微分得

$$\mathrm{d}P_c / P_c = 1/(1-n) \cdot (\mathrm{d}C^*/C^* + \mathrm{d}\rho_p/\rho_p + \mathrm{d}u_1/u_1 + \mathrm{d}K_N/K_N)$$

$$\mathrm{d}K_N/K_N = \mathrm{d}S_b/S_b + \mathrm{d}A_t/A_t$$

从上述微分公式中可以看出,在各微量变化对压强的影响中,可将其分为两类,一类是制造中的尺寸误差。无论是装药成形尺寸还是发动机零件制造尺寸,都必须允许有一定的误差(公差)。其中,参数 S_b、A_t 误差会引起 K_N 值波动,导致压强波动;另一类是推进剂性能偏差。同一种推进剂,由于生产批次不同,各批次的配方成分、原材料性能、工艺控制参数等不可能完全一致,会在小范围内波动,从而使各批次推进剂性能产生波动。其中,ρ_p、u、C^* 等参数值产生偏离,也会导致压强波动。

从上述微分式中还可看出,影响压强波动的相对值($\mathrm{d}P_c/P_c$)是各因素相对变化量的 $1/(1-n)$ 倍,而且 n 越大,压强波动的幅度也越大。所以,除对推进剂压强指数有特殊要求的以外,在选择和使用推进剂的燃烧性能时,要选择压强指数尽量小的推进剂。因为,n 值的大小,既影响相关零件结构尺寸、药形尺寸误差,性能参数偏离而引起压强的波动的大小,又可影响由于发动机工作中出现偶然因素引起压强波动的大小。可见,推进剂 n 的大小值,对发动机工作的稳定性起着重要的作用。

4.3 装药的装填设计

装药的装填设计包括装填性能设计和装填结构设计。

装填性能设计,主要包括装药在燃烧室内的装填密度设计和装药通气参量设计。对于给定结构尺寸的发动机,通过药形设计,要使装填密度和通气参量的设计值,既能保证装药量最大,又能在装药燃烧初始,不产生侵蚀燃烧,即不产生过大的初始压强峰值。

装填结构设计,也可归结到装药结构完整性设计中,对不同药形装药,可分内孔燃烧装药的装填设计、单根内外表面燃烧装药的装填设计、多根内外表面燃烧装药的装填设计、燃烧室内壁无间隙装药的装填设计等,其设计内容主要围绕装药安装与定位,装药的缓冲、密封、尺寸和温度补偿等设计,从而保证装药在所受各种载荷作用下的结构完整。装药装填结构设计是发动机结构设计的重要内容(见4.6节)。

4.3.1 装药装填性能设计

表征装药装填性能的设计参数主要有装填参量和通气参量。这些参量由所设计的装药药形确定,又与所选推进剂的性能相关。设计药形时要计算这些参量的大小,使其在推进剂性能允许的范围内。

1. 装填参量

1) 截面装填系数

$$\xi = S_{\mathrm{T}}/A_{\mathrm{C}}$$

式中:ξ——截面装填系数;

S_{T}——装药横截面积;

A_{C}——燃烧室横截面积。

2) 体积装填系数

$$\xi_{\mathrm{V}} = V_{\mathrm{P}}/V_{\mathrm{C}}$$

式中:ξ_{V}——体积装填系数;

V_{P}——装药体积;

V_{C}——燃烧室容腔容积。

对于长细比较大的发动机,由于装药前后空间的容积与装药所占容积相比很小,可忽略不记时,则 $\xi = \xi_{\mathrm{V}}$。

2. 通气参量

1）面通比

$$æ = S_b/A_{np}$$
$$= S_b/A_t \cdot A_t/A_{np}$$
$$= K_N \cdot J$$

式中：$æ$——面通比；

S_b——燃烧面积；

A_t——喷喉面积；

K_N——面喉比；

J——喉通比；

A_{np}——通气面积。

该式说明：在确定的装药药形和面喉比 K_N 的条件下，J 值越大，$æ$ 值越大；在推进剂性能确定的条件下，K_N 值越大，$æ$ 值越大。

2）喉通比 J

$$J = A_t / A_{np}$$
$$= A_t / (A_C - S_T)$$
$$= A_t / (1 - (S_T/A_C))$$
$$= A_t / (A_C \cdot (1 - \xi))$$

该式说明：在装药弹道性能确定的条件下，ξ 值越大，J 值越大。

3）综合通气参量

$$æ_1 = S_b/A_t \cdot S_b/A_{np} \cdot S_b/S_T$$
$$= K_N \cdot æ \cdot S_b/S_T$$
$$= 1/J \cdot æ^2 ((1 - \xi)/\xi)$$

该式说明：$æ_1$ 大小与 J，$æ$ 和 ξ 值相关，在装药药形确定后，这些通气参量和装填参量即被确定，所以，在药形设计时，若追求高装填系数，一定要考虑到不能使通气参量超过推进剂允许值，常用推进剂会给出临界通气参量 $æ_{1j}$ 值、临界装填系数 ξ_{1j} 值，供药形设计时参考。

在装药设计中，通常希望获得尽量高的装填系数，以便增加装药量。然而，装填系数越大，通气参量越大。过大的装填参量，会引起侵蚀燃烧，使初始压强峰值过大,发动机燃烧室的最大压强载荷增加,结构质量随之增加,这是设计上不希望出现的。装药的装填性能设计,就是针对不同类型装药和不同结构尺寸的发动机,根据推进剂给定的装填参量允许值,协调相关药形参数,设计相应的药形结构,降低初始压强峰值,并获得尽量高的装填密度,常常是飞行动力型装药发动机设计所追求的。

4.3.2　侵蚀燃烧

侵蚀燃烧研究结果表明,高装填密度侧面燃烧的装药,由于装药装填密度大,使燃气通道面积变小,气流流速快,这种燃气流沿燃烧表面的流动,使燃速急速增大,燃气生成率增加,压强随之升高;随药柱燃烧,燃气流动的通道随着增大,气流流速减缓,侵蚀现象也随之消失。

1. 侵蚀函数

侵蚀燃烧对燃速的影响,常用侵蚀比(也称侵蚀函数)表示,即,

$$\varepsilon = u_q / u$$

式中:u_q——气流影响后的燃速;

　　　u——同条件下的未受侵蚀影响的燃速。推进剂种类不同,配方不同,燃气流速和燃烧室压强不同,该侵蚀比也不同。

2. 侵蚀函数的不同形式

有关侵蚀燃烧机理、侵蚀燃烧规律等理论,早有国内外学者进行了研究,如比较早的有温普雷斯(Winpress)研究的均质双基推进剂侵蚀燃烧理论,将侵蚀函数表示为

$$\varepsilon = 1 + k_v (v - v_{1j})$$

式中:k_v——侵蚀系数;

　　　v——燃气流速;

　　　v_{1j}——临界流速,当流速大于临界流速后,侵蚀比大于 1。

俄罗斯波别多诺斯采夫(Побецоносцев)的研究结果,将侵蚀比 ε 表示为通气参量 α 值的函数,而 $\alpha = S_b / A_{np}$。由夏皮罗(щапило)总结双基药的侵蚀函数为

$$\varepsilon = 1 + k(\alpha - \alpha_{1j})$$

式中:k——侵蚀常数;

　　　α_{1j}——临界通气参量。

学者们研究表明,随推进剂的不同,k 和 α_{1j} 的数值也不同,可通过推进剂燃烧性能试验获取,如双基推进剂的 k 值为 3.2×10^{-3},α_{1j} 值为 100。该数值也与压强大小有关,即与装药的面喉比值有关。复合推进剂和改性双基推进剂 k 值和 α_{1j} 值都较大。

根据侵蚀理论和这些经验公式,可对高装填密度设计而引起的侵蚀压强大小进行估算,采取相应的技术措施后,使侵蚀压强峰值减小,可实现高密度装填设计。详见第 4 章所述。

4.3.3　装药装填性能设计要点

1. 不同装药类型装填参量的确定

在药形设计时,对不同类型装药,装填参量取值的大小也有不同。

对中小口径的弹箭,如肩扛式发射的导弹或无控火箭的发动机,多采用发射动力型装药。在发射导弹或火箭时,发射角度较小,常希望导弹或火箭发射时的初速要大,以减小弹箭离筒时的下沉量或减小初始弹道风偏的影响,要求发动机初始推力要足够大,装药起始燃烧时间要短,以保证发射时有足够大的初始推力冲量。通过装填性能设计,希望装药燃烧的压强曲线有一定峰值比的初始压强峰值,以此增大发射动力型装药的初始推力冲量。

对飞行动力型装药,一般都要限制初始压强峰值,通过装填性能设计,将通气参量和装填参量设计在合适的范围内。

设计高密度装填装药时,应采取相应措施,尽量减小装药药形的初始燃面,使装药的初始通气参量满足推进剂允许值。

2. 不同药形通气参量的确定

根据侧面燃烧不同的装药药形、所用推进剂不同的种类和性能,确定的装填密度可以有不同值,通气参量也有较大的差异。对内外燃烧的药形,如单根管形、单根梅花形、多圆弧形等药形,其内外通气参量可采用不同的数值。为了增大药柱的装药量,有的产品发动机装药设计,采用了外通气参量大于内通气参量的设计,在总通气参量不超过推进剂允许值的条件下,其外通气参量与内通气参量之比可超过 3 倍以上。用增大药柱外径的措施增加药柱质量,对于已定结构的发动机,可获得较好的装填性能。

3. 发动机性能与装填参量的关系

经推导,装填参量与发动机性能参数间的关系可表示为

$$æ = F_{CP}/I_{SP} \cdot \rho_p \cdot u \cdot A_C(1 - \xi)$$

$$J = F_{CP} \cdot C_F \cdot P_C/(A_C - \xi)$$

式中：F_{CP}——发动机平均推力；

C_F——推力系数；

P_C——燃烧室平均压强；

I_{SP}——比冲；

ρ_p——推进剂密度；

u——燃速。

该表达式说明，P_C 和 F_{CP} 越大，设计的燃烧面要越大，$æ$ 值也要增大。在药形设计时，除了按药形尺寸确定装填参量外，也要考虑到推进剂性能和发动机设计参数对装填参量的影响，虽然这些影响不是很直接，但在装填参量的设计裕度很小时，就要在装填参量和发动机设计参数之间进行分析和调整，以获得较好的装填性能。

4. 装填性能设计的局限性

对已定发动机的结构和尺寸，装药量是按弹道性能指标参数确定的。对侧面燃烧装药来说，在选定推进剂后，装填性能参数也就被限定了。也就是所确定的装药量决定了装填参量，通气参量变动和调整的余量也较小。特别是当发动机装药设计已达到或接近饱和设计状态时，装填参量和通气参量调整的余地就更小。设计处于饱和状态是指装药的装填参量和通气参量都已达到或接近推进剂给定的临界值的状态。一般情况下，应尽量避免这种设计状态，而通过总体性能协调，使设计后的装药留有合适的设计裕度，这种设计裕度既是保证装药工作稳定性的需要，又是发动机安全性设计的重要内容。

所以，装药装填性能设计的主要内容是针对不同类型装药和药形来设计、调整装填参量和通气参量，在满足弹道性能和推力方案要求的条件下，要使装药量最大。

5. 装填性能设计的适用范围

对侧面燃烧装药，特别是内外表面同时燃烧类型的装药，如单根管形、梅花形或多圆弧形等药形装药，常碰到因通气参量大，燃气流速大，出现侵蚀燃烧、压强曲线初始峰值较大的情况；对星形、车轮形等内孔燃烧药形装药，虽然通气参量可设计在推进剂允许的范围内，但由于为获得较大的装药量，在限定的装药长度内，装药药形的燃层厚度较大，燃烧时，星边或轮边消失后仍有很大的燃层厚度。这种装药因压强曲线后段爬升,会引起较大的升压比。这就需要在药形设计和调整中,确定合适装填性能参数,通过装填性能设计,结合调整推进剂燃烧性能,达到既满足装药量要求,又使压强曲线的初始峰值降低,使压强曲线尾段的升压比较小,详见4.4节。

装药装填性能设计,也包括接近或达到饱和设计状态的装药设计。当发动机结构受到总体结构限制,且需装填足够的装药量后才能满足弹道性能要求,在这种情况下,必须采用高装填密度装药设计,经采取相应的技术措施后,才能满足发动机设计技术要求。这种高装填密度装药设计,也要围绕确定合适的装填参量和通气参量,进行反复设计和调整,通过装药装填性能设计和所采用的相应技术措施,实现装药的高密度装填,满足装药弹道性能要求。详见本章4.5节。

4.4 装药相关性设计

装药相关性主要指所设计装药的燃烧面变化与压强变化的相关性,所选择的推进剂燃烧特性与压强变化的相关性。这是设计变燃烧面药形、变截面复杂药形常遇到的问题。通过药形设计和对燃烧面的调整,通过对推进剂配方设计和对燃烧性能的调配,实现压强曲线具有较好的平直性,更好地满足推力方案要求。这对增大装填密度,降低最大压强,减轻结构质量,提高推进效能十分重要。因此,装药相关性设计是装药设计的重要内容之一。

燃面变化与燃烧室压强变化相关性,是确定和选择推进剂燃烧性能的重要依据。要使压强曲线的形状与燃烧面随燃层厚度的变化规律相近,需通过推进剂燃烧性能的调配,使压强曲线更近于平直,是装药药形设计和推进剂性能相协调的重要环节。

4.4.1 燃烧特性及燃面变化与压强变化的相关性

对于变燃烧面燃烧药形,比较注重燃烧特性及燃面变化与压强变化的相关性。燃烧面随燃层厚度变化直接影响压强曲线的平直性;同样,在使用压强范围内,推进剂燃烧特性及燃速随压强的变化关系,同样影响压强曲线的平直性。现以星形药形装药为例,说明推进剂燃烧特性和燃烧面变化对压强曲线平直性的影响,及可采用的相关性分析、设计和计算方法。

实例一:某星形装药,推进剂是某型号使用的压强指数为正值推进剂。通过计算燃烧面的变化,分析这种推进剂燃烧特性与压强变化的关系。为装药相关性设计提供初始的计算与分析数据。

现根据常用的装药尺寸和推进剂性能参数,进行装药相关性设计和分析。

1. 装药药形尺寸

某六角星形装药如图 4 - 1 所示,药形参数如图 4 - 2 所示。

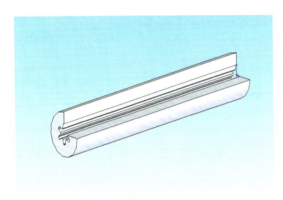

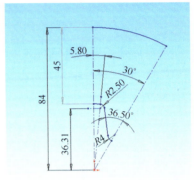

图 4 - 1　六角星形装药　　　　　　图 4 - 2　六角星形药形参数

2. 装药用推进剂的性能

1)燃烧性能

推进剂的燃烧性能,一般用推进剂的燃速、压强指数等参数来表征。工程上,这些参数是由不同压强下处理所测燃速数据获取,如在使用压强范围内,采用燃速仪测试各规定压强点下的燃速,也有采用标准发动机或弹道评定发动机,测试规定压强点下的燃速,因测试方法不同,所得数据也有些差异。但不影响对燃烧特性的分析。

(1)燃速如表 4 - 1 所列。

表 4 - 1　燃速仪测试的燃速数据　　　　　　　　　单位:mm/s

温度/℃	压强/MPa			
	5	7	10	13
20	9.84	11.08	11.43	12.52

(2)燃速公式见表 4 - 2。

表4-2 指数燃速公式 $u = aP^n$ 单位：mm/s

温度/℃	压强范围/MPa		
	5 ~ 7	7 ~ 10	10 ~ 13
20	$u = 2.476P^{0.35}$	$u = 9.355P^{0.087}$	$u = 5.102P^{0.35}$

（3）燃速—压强曲线，如图4-3所示。

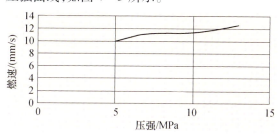

图4-3 推进剂燃速—压强曲线

2）能量特性

适用压强范围：5MPa ~ 10MPa

实际比冲：2166.7N · s/kg（10MPa）

推进剂密度：1.67g/cm³

3. 装药燃烧面随燃层厚度的变化

按平行层燃烧模型，分层计算各燃层厚度的燃烧面，结果见表4-3，并绘制燃烧面随燃层厚度变化曲线，结果如图4-4所示。该药形平均燃烧面积为4317.84cm²。

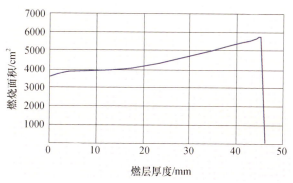

图4-4 六角星形装药燃面随燃层厚度变化曲线

表4-3 逐点燃面、燃速及压强数据

序号	燃层厚/mm	时间/s	燃烧面/cm²	燃速/(mm/s)	压强/MPa
1	0	0	3584.6	10.76	8.14
2	4	0.37	3858.18	10.83	8.12
3	8	0.73	3913.52	10.90	8.98
4	12	1.09	3968.87	10.96	9.16
5	16	1.45	4004.27	11.02	9.29
6	20	1.80	4159.47	11.10	9.72
7	24	2.16	4371.75	11.13	10.25
8	28	2.50	4611.29	11.19	10.87
9	32	2.85	4863.64	11.23	11.50
11	36	3.20	5122.97	11.25	12.14
12	40	3.54	5386.47	11.30	12.82
13	44	3.88	5652.63	11.35	13.51
14	45	3.95	5719.48	11.39	13.72

4. 压强随燃烧性能的变化

根据燃速随压强变化和燃烧面随燃层厚度变化关系,将燃烧面、燃速及压强逐点计算的数据列于表4-3。并绘制压强随时间变化曲线,见图4-5。

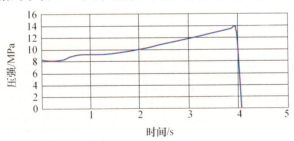

图4-5 压强—时间曲线

5. 相关性分析

(1)从上述数据中不难看出,该药形的压强曲线形状与燃烧面随燃层厚度变化规律相近,符合星形药形的燃面变化规律。

(2)在星边消失前,因所用推进剂压强指数低($n = 0.087$),燃速随压强变化平缓,燃烧面的增面斜率与相应时间段的压强上升斜率也相近;但因该推进剂在10MPa~13MPa下,压强指数大($n = 0.36$),在星边消失后,压强曲线的上升斜率要比燃面曲线的上升斜率更大。

（3）在使用压强范围内,该药形的燃面变化与推进剂燃烧特性相关性,由于燃烧面的增面比较大,为1.48,在燃烧后期,导致最大升压比已达1.6。可见,用该推进剂成形的装药,因升压比过大而不宜采用。

4.4.2　调配燃烧性能降低升压比

星形、车轮等内孔燃烧药形的装药,在燃烧后期,星边或轮臂消失后,燃烧面随燃层厚度的增加而增加,出现压强曲线在燃烧后期的上翘现象,装药的总燃层厚度越大,曲线上翘所持续的时间越长,这不但影响了压强曲线的平直性,也给发动机结构强度设计增加了载荷,结果是引起结构质量的增加。

针对这一问题,装药设计时,可在计算燃面随燃层厚变化曲线的基础上,估算其相应燃烧阶段的增面比,按平均燃速计算其升压比及相应的压强变化范围。根据这些估算结果,调配或选择具有负压强指数的推进剂,也称"麦撒效应"推进剂,通过这种燃烧特性与增面燃烧的燃面变化特性,进行相关性设计,以减缓这种药形装药在压强曲线后段上翘的问题。

现以上例装药药形引起的压强曲线上翘问题为例,通过采取燃烧性能与燃面变化相关性设计,降低燃烧后期的升压比。

实例二:通过采用负压强指数燃烧特性的推进剂,降低该装药燃烧后段的升压比。采用已经配方技术鉴定的某推进剂。

1. 推进剂性能

（1）燃速如表4-4所列。

表4-4　燃速仪测试值(20℃)

压强/MPa	8	10	12	14	16
燃速/(mm/s)	12.66	12.86	12.53	11.11	10.87

（2）燃速公式如表4-5所列。

表4-5　指数燃速公式 $u = aP^n$　　　　单位:mm/s

温度 /℃	压强范围/MPa	
	8~10	10~16
20	$u = 10.946P^{0.07}$	$u = 24.902P^{-0.36}$

（3）燃速—压强曲线如图4-6所示。

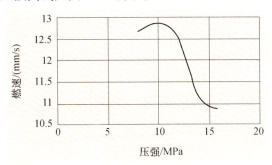

图4-6 推进剂燃速—压强曲线

（4）能量特性。适用压强范围：10MPa～16MPa；实际比冲：2250N·s/kg（10MPa）；推进剂密度 1.69g/cm^3。

2. 调整前装药燃烧面随燃层厚度的变化

本例是通过选择或调配燃烧性能，对燃烧后期，由于燃烧面增加，引起压强曲线后段上翘的问题作相关性设计。为数据分析和比较的方便，仍选用原装药药形进行，即其燃烧面随燃层厚度变化数据不变，将表4-3中已计算的单项数据列在表4-6中。

表4-6 实例药形燃面变化数据

序号	燃层厚/mm	燃烧面/cm^2	序号	燃层厚/mm	燃烧面/cm^2
1	0	3584.6	8	28	4611.29
2	4	3858.18	9	32	4863.64
3	8	3913.52	11	36	5122.97
4	12	3968.87	12	40	5386.47
5	16	4004.27	13	44	5652.63
6	20	4159.47	14	45	5719.48
7	24	4371.75			

燃烧面变化曲线见图4-4。从燃面变化数据可以看出，由于该药形的总燃层厚度大，装填密度高，但星边消失后的增面比较大，已达1.48。如不采取相应的技术措施，该药形将引起较大的升压比，已由前例计算得结果为1.6。

3. 利用麦撒效应降低升压比

按照该药形燃烧面随燃层厚度变化的逐点数据，使用负压强指数推进剂，利用燃速随压强增加而下降的燃烧特性,来降低升压比。经逐点计算压强随时间的变化,并绘制压强随时间变化曲线,结果表明,压强曲线尾段的升压比明显降低。计算的逐点数据见表4-7,压强曲线见图4-7。

不难看出,经燃烧面与负压强指数燃烧特性的推进剂进行相关性设计后,星形装药后段压强曲线上翘的问题得到明显缓解。未经相关性设计的星形药形装药的升压比为1.6;采用负压强指数推进剂和相同药形的星形装药,其升压比降至1.37。可见,采用这种燃烧特性进行的调整升压比过大的措施是有效的。

表4-7 逐点燃面、燃速及压强数据

序号	燃层厚/mm	时间/s	燃烧面/cm²	燃速/(mm/s)	压强/MPa
1	0	0	3584.6	10.87	5.283
2	4	0.37	3858.18	10.71	5.602
3	8	0.76	3913.52	10.56	5.603
4	12	1.15	3968.87	10.41	5.601
5	16	1.56	4004.27	10.27	5.575
6	20	1.97	4159.47	10.14	5.718
8	28	2.83	4611.29	9.89	6.183
12	40	4.18	5386.47	9.56	6.981
14	45	4.81	5719.48	9.36	7.258

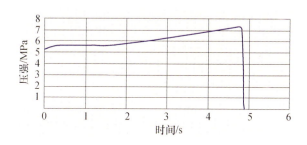

图4-7 负压强指数推进剂装药压强曲线

4.4.3 加外锥面降低升压比

根据装药药形燃面变化规律,通过在药柱前端或后端的外侧面上加锥形面,使燃烧后期的燃烧面积逐渐减小,也可达到减小升压比的效果。这种方法比较简单易行,也常在装药设计中应用。现仍以实例一中的药形和所用推进剂为例,通过燃面与压强变化相关性设计,来减小这种药形在燃烧后期的升压比。

实例三:按与实例一相同的药形参数,通过在药柱前端加外锥面的方法,降低增面比,来减小升压比和最大压强。

1. 确定加外锥面尺寸

根据实例一中药形最大燃面为 5719.48cm^2,最大增面比为 1.48,按将该增面比降至 1.2 计算,其最大燃面约为 4825.81cm^2。按应减小的燃烧面积算出所加锥面的角度为 14.2°,圆整为 15°;锥面的小端直经应略大于星孔的顶径。药柱如图 4-8 所示。

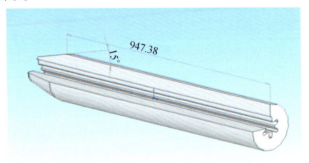

图 4-8　前端加外锥面的药柱

2. 加锥面后的燃烧面随燃层厚度变化

经计算加锥面的燃烧面随燃层厚度变化的逐点数据见表 4-8。

表 4-8　加外锥药形燃面变化数据

序号	燃层厚/mm	燃烧面/cm^2	序号	燃层厚/mm	燃烧面/cm^2
1	0	3584.60	8	28	4321.00
2	4	3781.75	9	32	4489.78
3	8	3852.83	11	36	4657.27
4	12	3903.86	12	40	4771.89
5	16	3912.18	13	44	4802.62
6	20	4012.81	14	45	4808.52
7	24	4157.37			

燃烧面随燃层厚度变化曲线如图 4-9 所示。

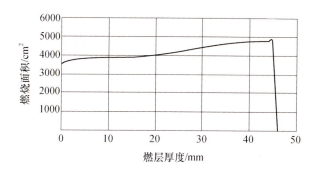

图4-9　加锥面后的燃烧面随燃层厚度变化曲线

3. 加锥面药形的燃烧面变化与压强变化相关性

为对降低升压比的效果进行比较,计算加锥面药形燃烧面变化与压强变化时,所用的推进剂仍与实例一中选用的相同。经计算,加锥面后的燃烧面逐点数据,及采取药柱前端加外锥后,其压强随时间变化逐点数据的计算结果,见表4-9。压强曲线如图4-10所示。

表4-9　逐点燃面、燃速及压强数据

序号	燃层厚/mm	时间/s	燃烧面/cm²	燃速/(mm/s)	压强/MPa
1	0	0	3584.60	10.76	7.55
2	4	0.37	3781.75	10.83	8.57
3	8	0.73	3852.83	10.90	8.84
4	12	1.09	3903.86	10.96	9.01
5	16	1.45	3912.18	11.02	9.08
6	20	1.80	4012.81	11.10	9.38
7	24	2.16	4157.37	11.13	9.74
8	28	2.50	4321.00	11.19	10.18
9	32	2.85	4489.78	11.23	10.62
11	36	3.20	4657.27	11.25	11.03
12	40	3.54	4771.89	11.30	11.35
13	44	3.88	4802.62	11.35	11.47
14	45	3.95	4808.52	11.39	11.53

由加锥面药柱的逐点压强数据和压强曲线可以算得,该星形药形在星边消失后,升压比由原比值1.6降到1.52。

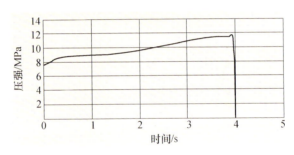

图 4 - 10　加锥面药柱压强—时间曲线

4.4.4　利用麦撒效应和加外锥面降低升压比

　　现将实例一中燃面变化升面比过大而无法使用的药形，按照 4.2 节通过调配推进剂的燃烧性能，采用负压强指数推进剂来降低升压比；再按照 4.3 节加外锥降低升压比的措施，都使用在实例一的药形中，计算结果说明，这种综合措施的效果更为明显。计算数据列在表 4 - 10 中，采取综合措施后计算的压强曲线如图 4 - 11 所示。

表 4 - 10　采取综合措施后的计算数据

序号	燃层厚/mm	时间/s	燃烧面/cm²	加锥面燃烧面/cm²	燃速/(mm/s)	压强/MPa
1	0	0	3584.6	3584.60	10.87	8.16
2	4	0.37	3858.18	3781.75	10.71	8.53
3	8	0.76	3913.52	3852.83	10.56	8.57
4	12	1.15	3968.87	3903.86	10.41	8.56
5	16	1.56	4004.27	3912.18	10.27	8.46
6	20	1.97	4159.47	4012.81	10.14	8.57
7	24	2.40	4371.75	4157.37	10.02	8.77
8	28	2.83	4611.29	4321.00	9.89	9.00
9	32	3.27	4863.64	4489.78	9.78	9.25
11	36	3.73	5122.97	4657.27	9.66	9.47
12	40	4.18	5386.47	4771.89	9.56	9.60
13	44	4.65	5652.63	4802.62	9.46	9.57
14	45	4.81	5719.48	4808.52	9.36	9.47

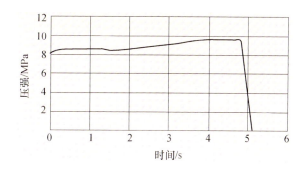

图4-11 加锥面和采用负压强指数后压强—时间曲线

上述装药相关性设计结果表明,可以通过选择负压强指数推进剂,在药柱前端或后端加外锥面,或采用加外锥面和负压强指数推进剂的综合措施,均可有效降低升压比。实例计算中,可将升压比由1.6降至1.17。这些设计,对解决星形、车轮形等内孔燃烧药形装药燃烧后期的压强曲线上翘问题,具有较好的实用性。

应当指出,采用加外锥面措施降低升压比,可减小结构质量;但同时也减小了药柱质量。采用该措施时,要综合考虑。采用负压强指数推进剂降低增压比时,所选推进剂负压强指数的压强范围需大于升压范围,即推进剂的使用压强范围要满足设计要求。

在装药性能设计中,还可通过对内孔燃烧药形加内锥的方法,减小初始通气参量,增加燃层厚度,增加装药量,改善装填性能;也可减低压强曲线后段的升压比,并使曲线平直。

4.4.5 加内锥面降低燃面升面比

在装药设计中,为追求较大的装填系数,要进行高装填密度设计,以保证所设计的装药具有较大的推力冲量。为此,对于圆柱形等直径发动机,可在圆柱形装药外侧面加锥面,来解决内孔燃烧装药压强曲线爬升的问题。但在发动机结构受到限制的情况下,也常将装药内孔沿轴向设计成锥形药形,形成燃层厚度随锥角改变的不等截面药形。在装药燃烧过程中,利用锥形内孔的不等燃层厚度药形,可实现在预定燃烧时段燃烧面逐渐减少,用以降低等截面内孔燃烧后段,由于燃面增加所带来的压强爬升问题,使压强曲线平直性变好。对内孔燃烧装药,可以根据推进剂燃烧特性和燃面变化规律,合理设计加内锥形面参数,得到压强曲线平直性较好的设计结果。

这种装药设计常被用于浇铸成形并长细比较大的装药,现以设计实例说明其装药设计方法及使用特点。

实例四:某内孔燃烧管槽药形,在满足主要弹道性能和装药尺寸要求条件下,设计加内锥面的药形及计算锥面的几何参数,使弹道曲线尽量平直。

1. 主要弹道性能

(1) 推力冲量 $I_o \geqslant 8280$N·s;

(2) 工作时间 $t_b < 1.3$s。

2. 装药结构

装药内孔为管槽形药形,沿轴向为锥形的不等截面药形。该装药直径78mm,装药长度小于600mm。结构如图4-12所示。

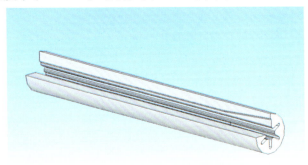

图4-12 内孔锥形药柱

3. 装药成形

(1) 采用前后端和侧面包覆;

(2) 装药成形工艺,采用锥形模芯,可贴壁浇铸成形,也可制成自由装填装药。

4. 推进剂性能

设计所用推进剂的主要性能为:

适用压强范围:10MPa ~ 15MPa

实际比冲:2300N·s/kg(10MPa)

燃速:20mm/s(10MPa)

压强指数: < 0.3

压强温度系数: < 0.4 %/℃

推进剂密度:1.69 g/cm³

推进剂燃速公式：$u = u_1 P^n = 10.024P^{0.3}$（10MPa ~ 15MPa，单位：mm）

5. 装药设计计算结果

1）装药性能参数

（1）装药药柱质量 W_p：3.6kg

（2）平均推力 F_{cp}：7.8kN

（3）推力冲量 I_o：8.3kN·s

（4）燃烧时间 t_b：1.1s

（5）燃烧室平均压强 P_{cp}：10MPa

2）装药结构参数

（1）药柱外径 D_p：74mm

（2）最小内径 d_x：22mm

（3）锥孔最大直径 d_M：55.56mm

（4）内锥半角 α：4°

（5）最大燃层厚 E_1：26mm

（6）最小燃层厚 e：9.22mm

（7）药柱长度 L_p：598mm

参数值见图4-13。

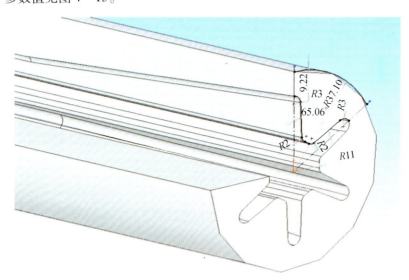

图4-13 内孔锥形药柱药形参数

3）装药燃烧面随燃层厚度的变化

（1）燃烧面随燃层厚度变化逐点数据。

计算燃面随燃层厚度变化的装药分层燃烧如图4-14所示。

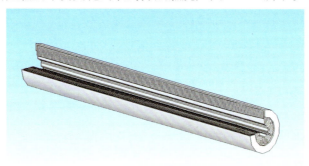

图4-14　加内锥装药燃烧分层图

将计算结果列于表4-11中。其燃烧面随燃层厚变化曲线见图4-15。

表4-11　加内锥药形燃面变化逐点数据

序号	燃烧时间/s	燃层厚度/mm	燃烧面积/cm²	压强/MPa
1	0	0	955.7	9.4
2	0.10	2	1032.3	10.1
3	0.20	4	1084.0	10.7
4	0.29	6	1100.0	10.9
5	0.39	8	1114.4	11.0
6	0.49	10	1135.6	11.2
7	0.58	12	1147.8	11.3
8	0.67	14	1155.6	11.4
10	0.77	16	1146.0	11.3
11	0.89	18	1045.0	10.3
12	1.4	20	354.0	0.35

（2）燃烧面随燃层厚变化曲线如图4-15所示。

4）内弹道计算结果

根据装药分层燃烧时燃烧面随燃层厚度变化的计算结果和所选推进剂的燃烧性能，按迭代方法计算出压强随燃烧时间变化的逐点数据，并将计算结果列在表4-11中，其压强曲线如图4-16所示。

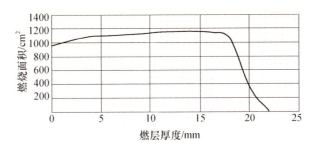

图 4 – 15　燃烧面随燃层厚变化曲线

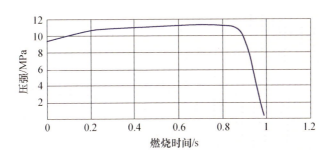

图 4 – 16　加内锥装药压强曲线

由压强曲线不难看出,加内锥后装药燃烧压强曲线的平直性较好。

5. 设计分析

1）加内锥的几种方法分析

设计加内锥的药形,是用来获得尽量平直性的压强曲线。是减小初始压强峰值,压强波动和降低装药燃烧后期升压比的有效措施,广泛被发动机装药性能设计采用。随药柱生产工艺不同,装药尺寸不同,加内锥的方法和设计的药形参数也不同。

（1）对螺压药柱加内锥的方法。一般,对中小直径装药,可以采用螺压工艺成形,药柱的内锥面可按设计尺寸车制而成,这种车制成形的内锥面,只要将中心内孔等截面变为变截面药形,就能改变燃面的变化规律,改善装药燃烧性能。如星形、管槽形等燃面变化曲线不平直,燃烧至药柱外层燃烧面时,燃烧面增大,压强曲线逐步爬升。按一定锥面角车制内锥后,燃烧面变化曲线的平直性变好,由燃面曲线爬升所引起的压强曲线爬升问题就能得到缓解;还能减小高密度装填装药燃气流动的通气参量,改善由于通气参量过高引起初始压强峰超过允许值的问题。

（2）对浇铸药柱加内锥的方法。一般,大直径药柱因受螺压机的限制,需采用浇铸工艺成形。通过浇铸模芯设计来实现不同药形参数的内锥面,例如,将药柱内孔表面设计成锥面的同时,也将星形、管槽形、多圆弧形等内孔药形的外圆设计成锥面的。从药形燃面变化规律计算结果看,这种内孔和外圆都设计成锥面的药形,对于调整燃烧面变化规律,使燃面变化曲线平直性更好和缓解燃面曲线爬升来说,调整的药形参数更多,更容易实现。

对浇铸工艺成形的药柱,也可以将内孔药形的中心内圆表面设计成沿轴向是等直径的,而只将外圆表面沿轴向设计成锥面的,这种形面的优点是可使装药的装填密度增加,在通气参量允许的条件下,还是实现装药高密度装填设计的有效措施之一。

2）加内锥装药燃烧效果的比较

从计算的压强曲线看出,加锥面角为 4° 锥面的管槽型内孔药形,燃烧面的增面比比不加锥面的要小,增面比由 1.41 降到 1.22;其压强曲线的平直性比不加锥面的装药要好,升压比由 1.39 降到 1.15。见图 4-17 和图 4-18。

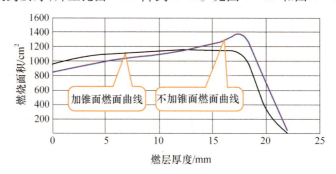

图 4-17　加内锥面和不加内锥面装药燃面变化曲线

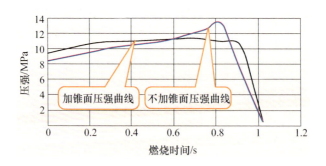

图 4-18　加内锥面和不加内锥面装药压强曲线

4.5　高装填密度装药设计

　　高装填密度装药设计,也属于装药装填性能设计的范畴。在燃烧室有效的容积内,能最大限度地多装药是装药设计的又一重要课题。在装药设计中,为了达到最高的推进效能,除了选择高比冲和高密度的推进剂以外,常常采用增加燃烧室的装填密度,以增加装药量的方法。但装填密度的增加也是有限度的,装填密度过大,装填系数随之增加,会引起通气参量超过推进剂的允许值,产生过大的初始压强峰,不能满足动力推进系统要求。如某机载型号产品,因初始推力过大,对发射系统产生较大的作用力,影响正常发射。因此,要对初始推力的大小予以限制。有的产品为减小发射时的噪声,也需对最大压强予以限制。因此装药设计中,针对高装填密度装药的设计需要,合理进行装填性能设计尤为重要。

4.5.1　高装填密度装药药形设计

　　采用高装填密度的装药发动机,多采用飞行动力型装药,这种发动机追求动力推进效能,采用高装填密度的药形,是装药设计者的重要选择之一。对于长时间续航型装药,常采用端面燃烧实心药柱,装填密度最高。而对于发射动力型装药,所设计装药的药形要保证具有足够大的燃烧面,且工作时间很短,这就很难使装药具有很大的装填密度。可见,装填密度的大小与动力推进系统总体技术要求有关,所以,实现高推进效能的动力推进系统是一项综合技术。这里所指的高装填密度药形设计,主要是说明能获得高效推进的一种技术途径。

1. 设计原则

　　由推导的性能参数关系中可知,推力冲量的关系式可表示为

$$I_o = F_{cp} \cdot t_a = I_{sp} \cdot \rho_p \cdot S_b \cdot u \cdot t_b$$

式中:I_o——发动机推力冲量(总冲);

　　　F_{cp}——平均推力;

　　　t_b——燃烧时间;

　　　I_{sp}——发动机比冲;

　　　ρ_p——推进剂密度;

　　　S_b——装药燃烧面;

u——推进剂燃速。

在总体弹道性能参数要求中,总冲和装药工作时间参数必须得到保证。内孔燃烧药形的高装填密度,是通过药柱具有较大的燃层厚度实现的,在满足所要求的工作时间条件下,就需要推进剂有较高的燃速。

现在国内外装备的很多产品中,采用了这种高装填密度设计,使发动机产品具有较高的推进效能。

现以能在工程中使用的导弹发动机装药为例,说明高装填密度装药的设计和应用。

2. 设计实例

实例五:某导弹发动机在装药设计技术要求中,要求总冲大于 160kN·s,工作时间(燃烧时间) t_b 为 2.4s~2.6s,采用贴壁浇铸工艺成形发动机装药,发动机燃烧室内径,即装药外径为 200mm,发动机总长小于 1650mm,装药长度(参考)为 1520mm~1525mm。要求设计该发动机装药,并进行装药的装填性能分析。

1)设计分析

(1)从装药弹道性能要求中可知,该装药属于飞行动力型装药,要用高装填密度药形、具有较高能量和密度的推进剂,才能满足装药弹道性能要求;

(2)为增加装药量,要求选择贴壁浇铸成形的推进剂,可使用复合推进剂、改性复合推进剂或 NEPE 推进剂;

(3)装药药形设计既要考虑到适宜高密度装填,又要考虑到装药工作时,不产生过大的初始压强峰值。

2)推进剂选择

根据现有推进剂使用状况,可选择现成复合推进剂,采用贴壁浇铸工艺成形。推进剂能量及燃烧特性是选择推进剂性能参数的重点,按目前复合推进剂水平,实际比冲应大于 2400N·s/kg,压强为 15MPa 时,燃速应能满足药形燃层厚度和燃烧时间要求。本例将所选择的复合推进剂性能参数作为设计输入参数进行装药设计。

该推进剂的能量特性和燃烧性能数据(+20℃)为:

(1)能量特性。

适用压强范围:9.81MPa~21.57MPa

实际比冲:2400 N·s/kg(10MPa)

推进剂密度:1.71 g/cm³

（2）燃烧特性。

要根据所设计的药形、燃烧时间和初步设计计算结果,调整推进剂的各项燃烧性能的参数值。将所选推进剂的燃烧性能参数列于表4-12和表4-13中。燃速曲线见图4-19。

表4-12 燃速仪测试的燃速数据（+20℃）

压强/MPa	9.81	12.74	15.68	18.63	21.57
燃速/(mm/s)	25.13	27.51	28.37	29.46	30.17

表4-13 指数燃速公式 单位:mm/s

温度/℃	压强范围/MPa	指数燃速 $u = aP^n$
20	9.81~21.57	$u = 15.2159P^{0.19}$

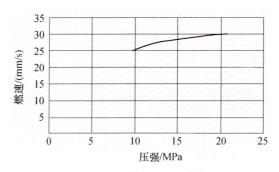

图4-19 燃速—压强曲线

初步选定燃烧室压强为15MPa,燃速应为28mm/s~29mm/s。并按此性能参数进行初步设计。

3）初步设计

（1）计算主要性能参数。

装药药柱质量为

$$W_p = k \cdot I_o / I_{SP} = 1.04 \times 160\text{kN} \cdot \text{s}/2400 = 69.3\text{kg}$$

本例属大装药量装药,取 $k = 1.04$。

平均推力为

$$F_{cp} = I_o / t_b = 160/2.5 = 64\text{kN}$$

（2）计算药形设计参数。

最大燃层厚度为

$$E_1 = u \cdot t_b = 2.85 \times 2.5 = 7.125 \text{cm}$$

平均燃烧面为

$$S_b = F_{cp}/(I_{SP}\rho_p u) = 64/(2400 \times 1.71 \times 10^{-3} \times 2.85)$$
$$= 5471.8 \text{cm}^2$$

在最大燃层厚度满足 $E_1 = 7.125 \text{cm}$ 时,设计的药形燃烧面平均值应接近该计算值。

4)详细设计

(1)药形设计。如前文所述,高密度装填药形常引起通气参量大,初始压强峰过大。因此,所设计的药形在燃烧面随燃层厚度的变化曲线上,初始燃烧面要小,变化趋势应是前低后高,这样,因初始通气参量过大而引起的侵蚀燃烧的压强增量,可以叠加在较低的初始燃烧面所生成的压强上,用这种方法降低或减缓初始压强峰,在高密度装药设计中,能起到较好的效果。

经采用三维绘图法设计的药形为内孔燃烧管状药形。因为内孔管状药形的燃烧面,是随着燃烧内径的增加而增加,属于增面燃烧药形,在内孔增面燃烧中,要加入具有减面燃烧因素,对此,沿内孔轴向开3个环形沟槽,燃烧中其燃烧面向外推移,形成减面燃烧特性,以抵消增面影响,使压强随时间的变化趋于平直,同时,初始燃烧瞬间保持小的燃面,初始通气参量较小,避免由于侵蚀燃烧产生过大的压强峰值。采用大燃层厚的管状药形,设计3个环形沟槽来调整内孔管状燃烧面的增面性,对内孔燃气流动可起到声阻尼的作用,有利于内孔管状药形燃烧的稳定性。

经药形设计和燃面计算,药柱形状如图4-20所示。其贴壁浇铸发动机的结构如图4-21所示。燃烧面随燃层厚度变化曲线如图4-22所示。

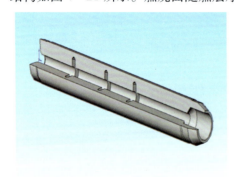

图4-20 药柱形状

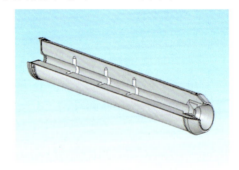

图4-21 贴壁浇铸发动机

① 装填密度。装药容积为 40575.6cm³,燃烧室容积为 47072.7cm³。装填密度达 0.86,与其他飞行动力型装药相比,装填密度较高。

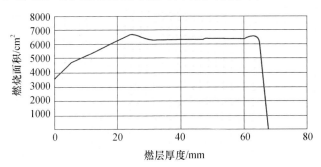

图 4-22 装药燃烧面变化曲线

② 通气参量。内孔燃烧面积为 3588.7cm²,内孔通气面积为 25.5cm²,通气参量达 140。超过推进剂允许值,设计的关键技术是针对初始通气参量过高的问题,设计了初始燃面小并缓慢增面的药形,以使初始侵蚀压强峰得到降低。

③ 初始压强比。按试验修正后的侵蚀函数为

$$\varepsilon = 1 + 10.32 \times 10^{-3}(æ - æ_{Lj})(æ_{Lj} = 100)$$
$$= 1 + 10.32 \times 10^{-3} \times (140 - 100)$$
$$= 1.41$$

该高装填密度装药药形初始通气参量为 140 时,初始压强峰值比的计算值已达到 1.41。如果初始燃烧面过大,则会产生较大的初始峰值。但由于初始燃烧面积较小,在初始瞬间的侵蚀效应并不能产生过大的初始压强峰值,详见设计结果。

(2) 装药性能计算。

① 装药总冲:

按推力算,

$$I_o = F_{cp}t_b$$
$$= 64 \times 2.5 = 160 \text{kN} \cdot \text{s}$$

按药柱质量算,

$$I_o = W_p I_{SP}$$
$$= 69.3 \times 2400 = 166.3 \text{kN} \cdot \text{s}$$

② 装药推力：

按燃烧面折算，

$$F_{cp} = I_{SP}\rho_p u S_b$$
$$= 2400 \times 1.71 \times 10^{-3} \times 2.85 \times 5471.8$$
$$= 64\text{kN}$$

按推力公式算，

$$F_{cp} = C_F P_c A_t$$
$$= 1.45 \times 15 \times 29.4$$
$$= 63.94\text{kN}$$

其中，喷喉面积 A_t 为 29.4cm^2；喷喉直径为 61.2mm。

（3）计算压强随时间变化曲线。计算数据见表 4 - 14。

表 4 - 14　逐点燃面、燃速及压强数据

序号	时间/s	燃烧面/cm^2	燃速/(mm/s)	压强/MPa
1	0.05	3588.71	15.22	0.52
2	0.19	4599.49	19.25	0.85
3	0.38	5159.41	24.77	12.3
4	0.55	5695.76	25.41	13.93
5	0.73	6232.59	25.93	15.56
6	0.89	6659.39	26.33	16.88
7	1.05	6315.35	26.13	15.89
8	1.22	6288.21	26.37	15.96
9	1.38	6329.96	26.27	16.01
11	1.53	6365.17	26.36	16.15
12	1.68	6391.56	26.43	16.26
13	1.83	6401.91	26.49	16.33
14	1.98	6392.45	26.53	16.32
15	2.12	6365.81	26.56	16.28

不考虑侵蚀时的压强随时间变化曲线如图 4 - 23 所示。

在将侵蚀燃烧引起的压强增加值叠加后，初始压强为

$$P_{cq} = \varepsilon P_o = 1.41 \times 12.6 = 17.77$$

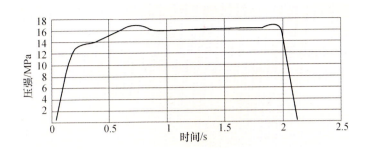

图 4 – 23　压强随时间变化曲线

式中:P_{cq}——侵蚀压强峰值;

　　P_o——初始峰值。

这时,压强曲线将变成如图 4 – 24 所示的形状。

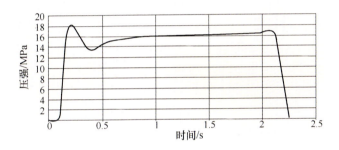

图 4 – 24　有侵蚀压强峰的压强曲线

上述计算结果表明,按初始压强峰值比为 P_{cq}/P_c 计算,本实例所设计的初始压强峰值比为 1.13,该装药能满足各项弹道性能要求。

4.5.2　高装填密度装药通气参量设计

如前所述,高装填密度装药可获得较大的装药量,但因通气参量较高,容易产生由于侵蚀燃烧引起较大的初始压强峰值,对此要进行必要的设计调整,以更好地满足设计要求。

现以内外燃管状药形装药为例,说明这种通气参量调整设计措施的重要性和应用价值。

1. 设计原则

该发动机总体要求是在满足导弹总冲要求的条件下,在发动机长度限定的范围内,要求初始压强要小于要求值。

按照发动机结构和弹道性能要求,装药必须采用高密度装填设计才能满足;这种设计必然因装填密度高,引起装药通气参量过大。设计的核心是如何通过采取合适的设计措施,减小初始通气参量,从而降低初始压强峰值,以保证装药量和初始压强符合指标参数要求。

根据侵蚀理论和相关经验公式,可对高装填密度设计而引起的侵蚀压强大小进行估算,可采用对初始燃烧面局部阻燃的技术措施,使侵蚀压强峰值减小,实现高密度装填设计。

2. 设计实例

实例六:某发动机装药,要求总冲大于 6.3kN·s,燃烧时间小于 0.8s,初始压强(最大压强)小于 19MPa,发动机燃烧室内径为 64mm,装药长度小于720mm。设计该发动机装药并计算装药性能。

1)设计分析

(1)该装药要在较短时间内提供较大的推力冲量,需按飞行动力型装药选择推进剂,且推进剂的比冲要高,密度要大;

(2)受初始最大压强限制,装药燃烧的初始峰值不能过大;

(3)装药直径小而长度大(长细比大),通气参量大;

(4)要求的装药总冲大,装填密度要尽量高。

2)推进剂选择

选择改性双基推进剂,采用螺压工艺成形药柱;推进剂比冲应大于2300N·s/kg,要求推进剂的临界通气参量值要高。

该推进剂的能量特性和燃烧性能数据(+20℃)为:

(1)能量特性。

适用压强范围:10MPa~22MPa

实际比冲:2300N·s/kg(10MPa)

推进剂密度:1.68g/cm³

(2)燃烧特性。表4-15列出了该推进剂的燃速数据,表4-16给出其燃速公式。

表4-15 燃速仪测试的燃速数据(+20℃)

压强/MPa	10.0	13.0	16.0	19.0	22.0
燃速/(mm/s)	19.83	20.90	21.78	22.54	23.21

表 4 - 16　指数燃速公式　　　　　　　　单位:mm/s

温度/℃	压强范围/MPa	指数燃速 $u = aP^n$
20	17. 26 ~ 20. 82	$u = 12.51P^{0.20}$

3）初步设计

（1）计算主要性能参数。

装药药柱质量为

$$W_{p} = k \cdot I_{o} / I_{sp} = 1.02 \times 6.3/2.3 = 2.79 \text{kg}$$

取 $k = 1.02$。

平均推力为

$$F_{cp} = I_{o}/t_{b} = 6.3/0.5 = 12.6 \text{kN}$$

取推力系数为 1.45,燃烧室平均压强 P_c 为 15MPa, t_b 为 0.5s,喷喉面积 A_t 为 5.8cm^2。

（2）药形设计参数

最大燃层厚度为

$$E_{1} = ut_{b} = 1.0725 \text{cm}; \quad u = 2.15 \text{cm}(15 \text{MPa})$$

平均燃烧面为

$$S_{b} = F_{cp} / (I_{sp}\rho_{p}u) = 12.6/(2.3 \times 1.68 \times 10^{-3} \times 2.15)$$
$$= 1517 \text{cm}^2$$

所设计药形燃烧面积的平均值应接近该计算值。

4）详细设计

（1）药形设计。

根据装药技术要求,达到平均推力所需要的燃烧面积较大,采用内外表面燃烧的药形才能满足。经不同尺寸的单根管状药形参数计算,装药的内外通气参量过大,超过推进剂的允许值,为确保发动机推力冲量要求,必须减小内外通气参量,经采用加外锥面和瞬时阻燃等技术措施后,较好的满足了设计要求。药柱尺寸如图 4 - 25 所示:药柱外径为 58.5mm;药柱内径为 15.6mm;药柱长度为 705mm;后端外锥长为 372mm;锥面小端直径为 52mm。

（2）药形参量计算结果。

① 不加外锥面参数:

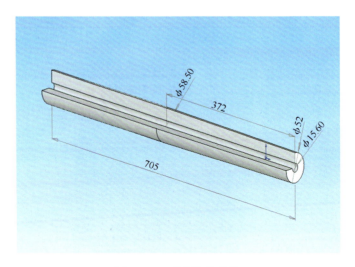

图 4 – 25　单根管状药柱

内表面燃烧面积 $S_{b内}$:345. 51cm^2

内通气面积 $A_{nP内}$:1. 84cm^2

内通气参量 $\alpha_内$:180. 77

② 无外锥面通气参量:

外表面燃烧面积 $S_{b外}$:1295. 67cm^2

外通气面积 $A_{nP外}$:5. 29cm^2

外通气参量 $\alpha_外$:244. 8

总燃烧面积 S_{bo} :1641. 2

总通气面积 A_{npo} :7. 13cm^2

总通气参量 α_o :230. 2

③ 加外锥面参数:

外表面燃烧面积 $S_{b外}$:1257. 72cm^2

外通气面积 $A_{nP外}$:10. 93cm^2

外通气参量 $\alpha_外$:146. 7

总燃烧面积 S_{bo} :1603. 2cm^2

总通气面积 A_{npo} :12. 77

总通气参量 α_o :125. 5

装填密度: ζ % :71%

（3）装药性能计算（按加外锥面）。

① 装药总冲：

按推力算

$$I_o = F_{cp}t_b = 12.6 \times 0.5 = 6.3 \text{kN} \cdot \text{s}$$

按药柱质量算

$$I_o = W_p I_{sp} = 2.79 \times 2300 = 6.42 \text{kN} \cdot \text{s}$$

② 装药推力：

$$F_{CP} = I_{sp}\rho_p u S_b = 2300 \times 1.68 \times 10^{-3} \times 2.15 \times 1517$$

$$= 12.6 \text{kN}$$

$$F_{cp} = C_F A_t P_c = 1.45 \times 5.8 \times 15 = 12.61 \text{kN}$$

（4）计算燃面随燃层厚度变化曲线。

先计算加后锥面药柱燃面随燃层厚度变化曲线，如图4-26所示。

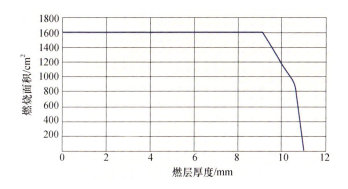

图4-26　燃烧面随燃层厚度变化曲线

（5）计算压强随时间变化曲线。

按试验修正后的侵蚀函数为

$$\varepsilon = 1 + 10.32 \times 10^{-3}(\text{æ} - \text{æ}_{Lj})$$

$$= 1 + 10.32 \times 10^{-3} \times (125.5 - 90)$$

$$= 1.36$$

该推进剂临界通气参量$\text{æ}_{Lj} = 90$。计算的压强峰值比为1.36，未考虑侵蚀后压强随时间变化逐点数据见表4-17。

表4-17 逐点燃烧面、燃速及压强数据

序号	时间/s	燃层厚/mm	燃烧面/cm²	燃速/(mm/s)	压强/MPa
1	0	0	1603	21.5	15.0
2	0.14	3	1603	21.5	15.0
3	0.28	6	1603	21.5	15.0
4	0.42	9	1603	21.5	15.0
5	0.423	9.1	1603	21.5	15.0
6	0.45	9.6	1356.44	21.1	13.1
7	0.49	10.1	1102.55	20.6	10.4
8	0.54	10.6	841.48	19.7	0.76
9	0.55	10.8	0	0	0

考虑侵蚀压强后,初始压强为 $15 \times 1.36 = 20.4 \text{MPa}$。绘制的压强随时间变化曲线如图4-27所示。

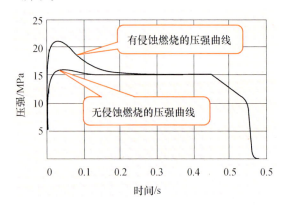

图4-27 压强随时间变化曲线

由于该药柱细长比大,装填密度较高,通气参量大,加外锥后总通气参量 α_0 仍为125.5。最大压强峰值已超过20MPa,最大推力也超过指标要求,对此,在采取加外锥的措施后,还要采取相应的技术措施,以降低最大压强峰值。

这项高装填密度设计措施是采用局部涂覆阻燃剂,使被涂覆表面暂缓燃烧,这样初始燃烧面减小,就有效降低了初始压强峰值。

局部涂覆面积。考虑到该药柱的外通气参量大,加外锥后仍为146.7,按小于该推进剂临界通气参量 90 计算,外表面的局部缓燃面积为 $360cm^2 \sim 370cm^2$,经计算,涂覆长度为 200mm。

涂覆材料。工程应用证明,采用装药包覆常用的乙基纤维素,按比例配制成包覆剂后,按设计要求涂覆,可达到燃烧初始瞬间缓燃的效果。

涂覆厚度。涂覆厚度根据涂覆包覆剂的烧蚀率确定,一般控制在 0.5mm 内,可通过试验再加以调整。

涂覆部位。对于本例内外表面都参与燃烧的管状药柱,涂覆部位有两种选择:①涂覆内孔表面,涂覆面积大小接近计算值,涂覆工艺可实施;②将缓燃剂涂覆在药柱前端外表面,涂覆工艺简单,对涂覆质量便于检查。因为药柱后端外表面为锥面,也是为减小外通气参量而设置的,要解决锥面前的通气参量过大而产生的侵蚀燃烧问题,在该锥面部位涂覆缓燃剂起不到减缓侵蚀的作用。

5)　结果分析

这种长细比大的单根管状装药,采用涂覆内孔的设计已在产品中应用,有效减缓了侵蚀燃烧引起的初始压强峰,很好地满足了设计技术要求。对于在药柱前端外表面涂覆缓燃剂的措施,经试验验证,也可达到使被涂表面缓燃的效果,也是降低初始压强峰可选的涂覆部位。

本设计实例说明,采用局部瞬时阻燃的技术措施,在药柱内孔表面,或药柱前端外表面,涂覆一定厚度的阻燃剂,可达到减小初始通气参量,降低初始压强峰值的效果。

4.5.3　高装填密度装药组合药柱设计

高装填密度装药组合药柱设计,是指采用分段药柱相组合。如采用两段药柱相组合,前段药柱和后段药柱可采用不同的药形,或采用相同药形而尺寸不同的药柱。设计这种药柱的目的,还是注重解决高装填密度装药引起的初始通气参量过大的问题。其设计思路是,将前、后药柱的药形分别设计成具有增、减面的特性,通过调整前、后药柱的燃烧面大小,使其初始燃面减小,再经协调增减燃烧面药形参数,使其接近恒面燃烧特性。在燃烧初始段,因初始燃面小,可缓解因通气参量大而引起侵蚀燃烧的影响。

1.　设计原则

采用分段药柱的装药形式,合理采用高装填密度设计措施,以满足总冲要求;需选用比冲和密度较高的推进剂,并在有限燃烧室容积内尽量多装药。

2. 小直径发动机装药设计实例

实例七：某发动机装药，要求总冲大于 6.5kN·s，燃烧时间小于 0.7s，初始最大压强小于 19MPa，发动机燃烧室内径为 64mm，装药长度小于 750mm。设计该发动机装药并计算装药性能。

1）设计分析

根据设计技术要求看，该发动机要在 0.7s 内，装药需提供较大的推力冲量，仍属于飞行动力型装药，需采用高密度装填装药设计。对此，药形设计应使总燃层厚尽量大，并选用具有较高能量特性的高燃速推进剂。另外，要求初始压强峰值小于 19MPa，通气参量也要控制在允许的范围内。

2）推进剂选择

选择螺压工艺成形的改性双基推进剂。采用实测比冲，推进剂密度和燃速都较高的推进剂，推进剂的许用通气参量应较高。现列出所选推进剂的主要性能。

（1）能量特性。

适用压强范围：8MPa ~ 20MPa

实际比冲：2250N·s/kg（10MPa）

推进剂密度：1.69g/cm^3

（2）燃烧特性。燃速见表 4 – 18。

表 4 – 18　燃速仪测试的燃速数据（ +20℃）

压强/MPa	8.0	10.0	14.0	17.0	20.0
燃速/（mm/s）	27.42	29.64	31.48	30.90	30.33

燃速公式：

压强范围：10MPa ~ 18MPa，指数燃速公式：$u = 19.63P^{0.18}$。

（3）通气参量。该推进剂许用通气参量为 110。

3）初步设计

（1）计算主要性能参数。装药药柱质量为

$$W_p = k \cdot I_o / I_{sp} = 1.02 \times 6.5/2.25 = 2.95 \text{kg}$$

取 $k = 1.02$。

平均推力为

$$F_{cp} = I_o / t_b = 6.5/0.65 = 10.0 \text{kN}$$

取推力系数为 1.45,燃烧室平均压强 P_c 为 15MPa,喷喉面积 A_t 为 4.6cm²。

（2）药形设计参数。最大燃层厚度为

$$E_1 = ut_b = 2.07cm$$

15MPa 压强下燃速 $u = 3.196cm/s$。

平均燃烧面为

$$S_b = F_{cp}/(I_{sp}\rho_p u) = 10.0/(2.25 \times 1.69 \times 10^{-3} \times 3.196)$$

$$= 822.9cm^2$$

所设计药形燃烧面积的平均值应接近该计算值。

4）详细设计

（1）药形设计。

根据装药技术要求,要达到平均推力指标,所需要的燃烧面积应接近 822.9cm²,最大燃层厚度 E_1 要接近 2.07 cm,采用内孔燃烧药形较为合适。为避免高密度装填引起过大初始压强峰,采用两截药柱组合装药措施,经多种尺寸的对比计算,选择如图 4－28 所示的尺寸的两截不同药形药柱,前段药柱为管状内孔燃烧药柱,后段为 3 个斜槽形药柱。经药形参数计算,可以满足设计要求。

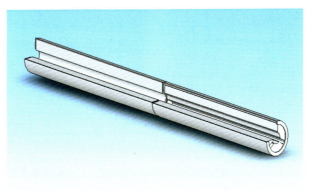

图 4－28　两截不同药形组合装药

药柱外径为 61mm;药柱内径为 20mm;组合药柱长度为 720mm;槽形药柱长为 370mm;管形药柱长为 350mm,包覆层厚度为 1.5mm。槽形药形参数见图 4－29。

燃烧面随燃层厚度变化逐点数据,见表 4－19。

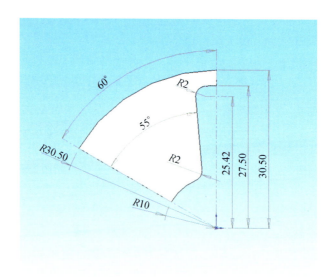

图 4 - 29　两截药柱槽形药形参数

表 4 - 19　燃烧面变化逐点数据

燃层厚/mm	槽形内燃烧面/cm²	管形内燃烧面/cm²	总燃烧面/cm²
0	578.01	238.76	816.77
0.12	599.38	262.64	862.02
0.237	620.75	286.51	907.26
0.349	539.4	310.39	849.79
0.457	508.59	334.27	842.86
0.561	484.17	358.14	842.31
0.661	461.28	382.02	843.3
0.757	438.81	405.89	844.7
0.849	416.22	429.77	845.99
0.937	393.33	453.65	846.98
1.021	369.96	477.52	847.48
1.100	346.05	501.4	847.45
1.176	321.54	525.27	846.81
1.247	296.37	549.15	845.52

（续）

燃层厚/mm	槽形内燃烧面/cm²	管形内燃烧面/cm²	总燃烧面/cm²
1.315	270.63	573.03	843.66
1.378	243.9	596.9	840.8
1.437	216.06	620.78	836.84
1.492	186.96	644.65	831.61
1.543	156.48	668.53	825.01
1.590	124.47	692.41	816.88
1.633	0	0	0
平均燃烧面/cm²	378.618	465.584	844.202

燃烧面随燃层厚度变化曲线如图 4 – 30 所示。

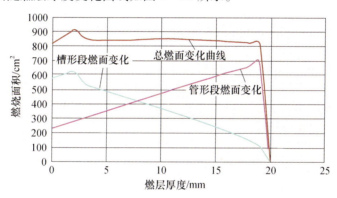

图 4 – 30　燃烧面随燃层厚度变化曲线

由计算得，初始燃烧面积为 816.77cm²。

其中，管形药柱内燃面积为 238.76cm²，槽形药柱内燃面积为 578.01cm²。管形药柱部分通气面积 $A_{nP管}$ 为 3.14cm²；槽形药柱部分通气面积 $A_{nP槽}$ 为 6.695cm²；通气参量 α 为 122；管形药形后端面处为 70；装填密度 $\zeta\%$ 为 75%。

（2）装药性能计算。

装药总冲：

按推力算

$$I_o = F_{cp}t_b = 10.0 \times 0.65 = 6.5\text{kN} \cdot \text{s}$$

按药柱质量算

$$I_o = W_p I_{sp} = 2.95 \times 2250 = 6.6\text{kN} \cdot \text{s}$$

装药推力：

按推进剂性能算，

$$F_{cp} = I_{sp}\rho_p u S_b = 2250 \times 1.69 \times 10^{-3} \times 3.196 \times 844.2 = 10.25 \text{kN}$$

按发动机推力公式算，

$$F_{cp} = C_F A_t P_c = 1.45 \times 4.6 \times 15 = 10.1 \text{kN}$$

用所设计的药形参数和所选推进剂性能进行计算，与发动机推力计算式计算的结果相一致，主要弹道性能满足设计技术要求。

5）结果分析

采用两截药柱，并以内孔管形和 3 个斜槽形药形相组合，这种组合装药，有效减小了初始燃烧面积，降低了初始通气参量，使该药形总通气参量仅为 122，略大于推进剂允许的最大通气参量 110。按侵蚀函数关系式计算，侵蚀比为

$$\varepsilon = 1 + 10.32 \times 10^{-3}(\text{œ} - \text{œ}_{Lj})$$
$$= 1 + 10.32 \times 10^{-3} \times (122 - 100) = 1.2$$

由于该组合药形的初始燃烧面小，初始压强较小，为 14.84MPa。与侵蚀燃烧产生的初始压强增量叠加后，总初始压强为 17.8MPa，对侵蚀燃烧的影响起到了缓解作用，满足了小于 19MPa 的要求。初始推力为 11.88kN，也满足设计要求。

通过内弹道计算可得该装药压强逐点数据，将未考虑侵蚀燃烧的压强计算结果列于表 4 - 20 中。按侵蚀燃烧后的压强逐点数据绘制的压强曲线如图 4 - 31 所示。

表 4 - 20　推力和压强逐点数据

燃烧时间/s	逐点燃烧面/cm²	燃速数据/(cm/s)	压强数据/MPa	推力数据/kN
0.03	816.77	3.19	14.84	9.9
0.06	862.02	3.22	15.82	10.55
0.09	907.26	3.26	16.86	11.24
0.12	849.79	3.22	15.6	10.4
0.15	842.86	3.21	15.42	10.28
0.18	842.31	3.21	15.41	10.28
0.21	843.3	3.21	15.43	10.29
0.24	844.7	3.21	15.46	10.31
0.27	845.99	3.21	15.49	10.33

（续）

燃烧时间/s	逐点燃烧面/cm²	燃速数据/(cm/s)	压强数据/MPa	推力数据/kN
0.3	846.98	3.22	15.53	10.36
0.33	847.48	3.22	15.52	10.35
0.36	847.45	3.22	15.52	10.35
0.39	846.81	3.22	15.52	10.35
0.42	845.52	3.21	15.48	10.33
0.45	843.66	3.21	15.44	10.3
0.48	840.8	3.21	15.38	10.26
0.51	836.84	3.21	15.28	10.19
0.54	831.61	3.2	15.18	10.12
0.57	825.01	3.2	15.04	10.03
0.6	816.88	3.19	14.86	9.91
0.63	0	0	0	0

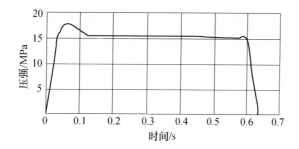

图 4-31 侵蚀后的压强曲线

该设计实例说明,对于小尺寸装药,通过组合装药设计,并采用小的初始燃面药形,使侵蚀燃烧引起的初始压强增量与较小的初始压强相叠加,既可使初始压强满足设计要求,又可满足小尺寸装药的高装填密度设计要求,达到增加装药质量的目的。

该设计实例的弹道性能和结构尺寸要求都与上例相近,所采用的组合装药设计措施,也同样能满足相同弹道性能要求。也是高装填密度装药设计的一种技术途径。

3. 大直径发动机装药设计实例

实例八:某发动机装药,要求推力冲量大于 860.0kN·s,燃烧时间为 5s~

6.0s,初始压强(最大压强)小于15MPa,发动机燃烧室内径为300mm,发动机长度小于4000mm。设计发动机装药并给出该装药发动机性能。

1) 设计思路

该发动机对装药推力冲量要求较大,在有限的燃烧室容腔内,要尽量增加装药质量,才能满足该发动机的弹道性能要求。对此应依据高装填密度装药设计的思路和方法,增加药柱的燃层厚度,以增加装药量;对可能引起的初始通气参量过大,初始压强峰值过大的问题,应选择合适的药形,以减小由于侵蚀燃烧产生过大的初始压强峰值;确定合适的药形参数,以防止内燃药形燃烧面随燃层厚度增加后燃烧面的迅速增大,降低燃烧后期的升压比。本例采用两截分段药柱,并选择不同推进剂燃速和不同的燃层厚度,通过分段药柱不同的药形设计,以实现不同燃层厚度的药柱同时燃烧完。以单级推力,在5.0s~6.0s的燃烧时间内,满足发动机总推力冲量的要求。

(1) 设计小的初始燃烧面。在装药结构设计时,采用两段药柱结构的装药。前段装药按环形内孔燃面变化规率燃烧,初始燃烧面积小,利用环形槽端面的减面特性与内孔增面特性相互弥补,尽量使这一段大燃层厚的环形内孔燃烧药柱,燃烧面随燃层厚度的变化平缓。后段药柱装药采用锥形星孔药形,并选择星边消失前恒面变化的药形参数。一方面,避免初始燃烧面有过大的峰值;另一方面,星边消失后,在燃烧面推移的过程中,锥形燃面将逐渐减小,从而抵消星孔药形药柱燃烧到星边消失后,燃烧面的增加。由此,将两段组合的药柱,设计成初始燃面小;随燃层厚度增加,增面特征参量与减面特征参量相互弥补,以使燃烧面积随燃层厚度的变化尽量平缓。经合理设计推进剂的燃烧性能,就可设计出燃烧室初始压强小,压强随时间的变化不出现过大压强波动的装药药形。

尽管装药初始燃烧面积不是最大燃烧面,燃烧面随燃层厚度变化也较平缓,但过高的初始通气参量将引起较大的初始压强峰值,这是由于燃气流动过大的流速使推进剂燃速迅速增加所引起,如不采取合适的药形设计,这种侵蚀燃烧效应会产生较大的初始压强峰值,对发动机的承载和装药的正常燃烧造成较大的威胁。

若所设计的装药药形,初始燃烧面积小,由小燃烧面生成的压强较小,并将其设计成低于燃烧室的设计压强,这样,按照力合成原理,就可以实现由高装填密度侵蚀燃烧效应产生的压强增量,与较小的初始燃烧面积生成的初始压强相迭加,从而降低或消除初始压强峰值。

装药设计时,以初始压强小于燃烧室设计压强的合适压强值,与侵蚀燃烧生成的压强互相抵消的设计,是该实例高装填密度装药设计的重要技术措施。

(2)设计大燃层厚的锥形星孔药形。为增加装药量,常采用大燃层厚的星孔药形。但当这种星孔药形的星边消失后,会随着燃层厚度增加,燃烧面也随着增加,燃烧到终燃面时,燃烧面积达到最大值。采用锥形内孔药形,一方面可降低由于燃烧面积逐步增加所引起的增面比,消除或降低由于燃面增加而引起压强随时间变化曲线的上翘问题,从而减小装药燃终时的最大压强;另一方面,也增大了靠近装药后端的通气面积,减少燃气流动的通气参量,也有利于减少初始压强峰值。

根据装药设计和燃面变化的需要,在贴壁浇铸药柱后端,设计自由悬空的外锥面药形结构,如图4-44所示的结构。可防止药柱由固化收缩引起的药柱后端被撕裂或脱粘,保证贴壁浇铸装药工作可靠,同样能起到降低装药燃终时的最大压强的效果。

(3)对不同燃层厚度药柱选用不同燃速的推进剂。将两段装药设计成不同燃层厚度,主要是指将前一段环形内孔装药设计成通气面积较小、燃层厚度大的装药。在满足推进剂总通气参量要求的条件下,尽量增加其燃层厚度,以最大限度地增加装药量。对后一段装药,根据内孔燃烧药形和推进剂通气参量的限制,选择锥形星孔药形,在满足弹道性能要求的条件下,也要尽量增大其燃层厚度。对两段药柱燃层厚度差,可通过选择不同燃速的推进剂。燃层厚度大的环形内孔药柱,选择燃速高的推进剂;燃层厚度较小的锥形星孔药柱,选择燃速较低的推进剂,以保证两段不同燃层厚度的药柱同时燃完。只要所选推进剂在适用压强范围内,其燃烧性能的一致性满足设计要求,在同一燃烧室内,实现不同燃层厚的药柱同时燃完是可行的。这对增加前一段环形内孔药柱的质量,是比较有效的设计措施。

2)推进剂选择

(1)第一段环形内孔药柱推进剂性能。

比冲 I_{sp}:2500Ns/kg,12MPa

燃速 u_H:18.0mm/s ~ 19.0mm/s,12MPa,计算取 18.5mm/s

压强指数 n:0.45

压强温度敏感系数 α_p:0.4%/℃

密度 ρ_p:1.72g/cm³

燃速逐点数据见表4-21所列。

表4-21 燃速仪测试的燃速数据(+20℃)

压强/MPa	8.0	10.0	12.0	16.0	18.0
燃速/(mm/s)	15.4	17.1	18.50	21.1	22.2

燃速曲线如图4-32所示。

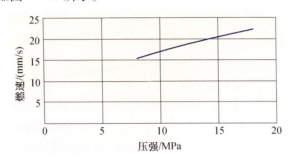

图4-32 环形内孔药柱推进剂燃速曲线

燃速公式:

压强范围:12MPa~20MPa,指数燃速公式:$u = 6.05P^{0.45}$。

通气参量:

该推进剂临界通气参量 α_{Lj}:100。

(2)第二段锥形星孔药柱推进剂性能。

比冲 I_{sp}:2500Ns/kg,12MPa

燃速 u_x:12.5mm/s~13.5mm/s,12MPa,计算取13.0mm/s

压强指数 n:0.45

压强温度敏感系数 α_p:0.4%/℃

密度 ρ_p:1.72g/cm³

燃速逐点数据:见表4-22所列。

表4-22 燃速仪测试的燃速数据(+20℃)

压强/MPa	8.0	10.0	12.0	16.0	18.0
燃速/(mm/s)	10.9	12.1	13.1	14.9	15.7

燃速曲线如图4-33所示。

燃速公式:

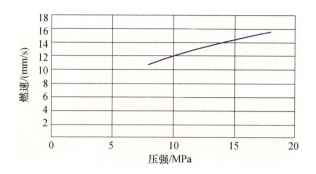

图 4 - 33　锥形星孔药柱推进剂燃速曲线

压强范围：12MPa ~ 20MPa，指数燃速公式：$u = 4.28P^{0.45}$

通气参量：

该推进剂临界通气参量 α_{Lj}：100。

3）初步设计

（1）计算主要性能参数。装药药柱质量为

$W_p = W_{p1} + W_{p2} = k \cdot I_o / I_{sp} = 1.01 \times 860.0/2.5 = 347.4\text{kg}$，圆整后按 348kg。

式中：W_p——两段药柱总质量；

W_{p1}，W_{p2}——分别为第一段环形内孔和第二段锥形星孔药柱质量。

考虑到装药量较大，取余量系数 $k = 1.01$。

发动机平均推力为

$$F_{cp} = I_o / t_b = 860.0/5.5 = 156.4\text{kN}$$

发动机喷喉面积如下计算。根据所选推进剂的压强适用范围，取燃烧室平均压强 P_c 为 12MPa，推力系数按 1.5，计算得喷喉面积 $At = F_{cp}/C_F \cdot P_c = 86.9\text{cm}^2$。喷喉直径为 10.5cm。

（2）计算药形设计所需的参数。

两段药柱总质量 348kg，第一段环形药柱按 178kg 设计，第二段按 170kg 设计。对于第一段环形内孔药柱，药形较简单，在满足药柱质量要求条件下，确定药柱长度后即可确定其他药形参数。

第一段药柱燃层厚度 E_H，药柱内径 d

$$E_H = u_H t_b = 1.85 \times 5.5 = 10.175 \approx 10.2\text{cm}$$

式中：燃速 u_H——1.85cm/s（压强为 12MPa 下）。

由此确定药柱内径 $d = (D_p - E_H)/2 = 284 - 102 \times 2 = 80\text{mm}$

第一段药柱长度为

$$L_{pH} = W_p / (\pi/4 \cdot (D_p^2 - d^2)\rho_p)$$
$$= 178/(3.14/4 \times (28.4^2 - 8.0^2) \times 1.72 \times 10^{-3})$$
$$= 178\text{cm}$$

第一段药柱平均推力 F_{cpH}:

按弹道性能指标要求,第一段药柱应提供的平均推力为

$$F_{cpH} = W_{pH} \cdot I_{sp}/t_b = 178 \times 2.5/5.5$$
$$= 80.9\text{kN}$$

按上述药形参数初步设计计算结果,第一段药柱可以提供的平均推力为

$$F_{cpH} = S_{bH} u_H I_{sp} \rho_p$$

式中: S_{bH}——第一段药柱的中燃面面积。

$$S_{bH} = \pi(8 + 2 \times 5.1) \times 178$$
$$= 10177.5\text{cm}^2$$
$$F_{cpH} = 10177.5 \times 1.85 \times 2.5 \times 1.72 \times 10^{-3}$$
$$= 81.0\text{kN}$$

计算结果表明,选择的第一段药柱药形和药形参数,可以满足设计要求。

第二段锥形星孔药柱需提供的平均推力为

$$F_{cpx} = F_{cp} - F_{cpH} = 156.4 - 81.0$$
$$= 75.4\text{kN}$$

第二段锥形星孔药柱燃层厚度为

$$E_x = u_x t_b = 1.3 \times 5.5 = 7.15\text{cm}$$

12MPa 压强下燃速 $u_x = 1.3\text{cm/s}$。

考虑到采用锥形星孔药形,小孔端燃层厚度确定为72mm,大孔端为62mm。

第二段锥形星孔药柱平均燃烧面积为

$$S_{bx} = F_{cpx}/(u_x I_{sp} \rho_p)$$
$$= 75.4/(1.3 \times 2.5 \times 1.72 \times 10^{-3})$$
$$= 13488.4\text{cm}^2$$

经初步设计,这两段内孔燃烧药柱的药形,应满足设计的近似值为:第一段环形内孔药柱提供的平均推力 F_{cpH} 应接近81.0kN,药柱质量 W_{pH} 应接近178kg;第二段锥形星孔药柱提供的平均推力 F_{cpx} 应接近75.4kN,药柱质量 W_{pH} 应接近

170kg,平均燃烧面积 S_{bx} 应接近 13488.4cm^2。

4）详细设计

（1）装药结构设计。按上述设计思路,该装药的第一段药柱选择环形内孔药形,由 3 节短药柱组成。前节药柱为半封闭式内孔燃烧药柱,第二节和第三节药柱为相同尺寸的内孔燃烧药柱,每节短药柱的端面均采用部分端面包覆,而外侧面均采用侧面包覆。将 3 节短药柱的端面包覆粘结后,形成第一段环形内孔燃烧装药。

第二段药柱选择锥形星孔药形。前端药柱燃层厚度大,靠喷管的后端药柱燃层厚度小,形成小角度的扩张锥面。药柱端面和外侧面,采用端面包覆和侧面包覆。

第一段环形内孔装药可采用自由装填形式,装在发动机前燃烧室壳体内;后段锥形星孔装药可采用贴壁成形工艺,与发动机后燃烧室形成无间隙形式的装填结构。将带装药的燃烧壳体装配后,两段装药间留有合适的点火空间,采用可燃点火药盒,构成中间点火的点燃形式,以利于长细比较大的内孔燃烧装药同时点燃。

（2）药形设计及装药参数确定。如上述,第一段环形内孔装药为 3 节装药结构。前节为半封闭式内孔燃烧装药,中节、后节为两端面局部包覆的内孔燃烧装药,如图 4-34 和图 4-35 所示。

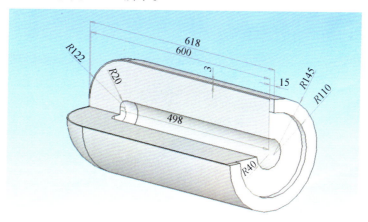

图 4-34 第一段前节内孔药柱装药

第二段锥形星孔药柱装药,药形见图 4-36。

全组合药柱装药的组合形式如图 4-37 所示。前后两段装药分别以自由装

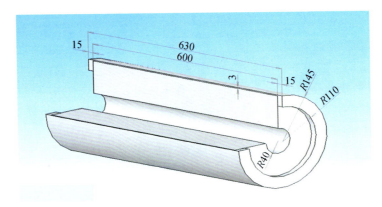

图 4 - 35　第一段中节、后节内孔药柱装药

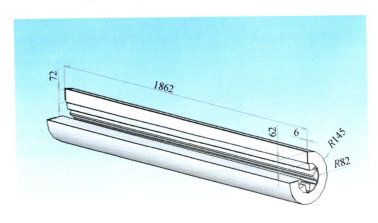

图 4 - 36　第二段锥形星孔药柱装药

填和贴壁浇铸装填方式,装在发动机前后燃烧室内。

（3）装药药形参数。

① 第一段前节内孔药柱装药：

装药外径：290mm

药柱外径：284mm

药柱长度：600mm

内孔直径：80mm

内孔圆弧：20mm

封闭孔深：498mm

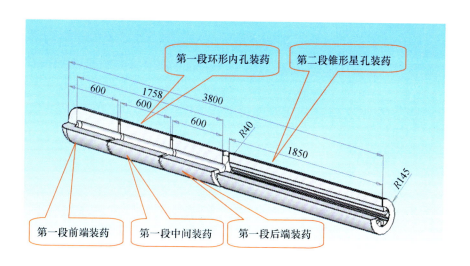

图4-37　环形内孔—锥形星孔全组合药柱装药

包覆厚度:侧面为3mm,端面为15mm

平均燃面:3244.2cm²

② 第一段中、后节内孔药柱装药:

装药外径:290mm

药柱外径:284mm

药柱长度:600mm

内孔直径:80mm

包覆厚度:侧面为3mm,端面为15mm

平均燃面:3457.1cm²

③ 第二段内锥星孔药柱装药:

装药外径:290mm

药柱外径:284mm

药柱长度:1850mm

大端最大燃层厚:72mm

小端最大燃层厚:62mm

包覆厚度:侧面为3mm,端面为6mm

平均燃面:12375.3cm²

星角数为6

星边夹角:80°

星顶弧半径:5mm

星根弧半径:5mm

特征长度:74.71mm

星角系数:0.811

星孔锥半角:0.31°

全组合药柱装药几何参数

装药外径:290mm

药柱外径:284mm

药柱长度:3800mm

初始燃烧面积:17536.09cm^2

平均燃面:22533.69cm^2

锥形星孔大端初始通气面积:121.26cm^2

总通气参量:144.6

（4）计算燃烧面随燃层厚变化的逐点数据及曲线。先按药形参数绘制装药分层燃烧三维图形,用相应的菜单和命令计算各燃层厚度的燃烧面积。组合药柱分层燃烧如图4-38所示。燃面变化逐点数据见表4-23。

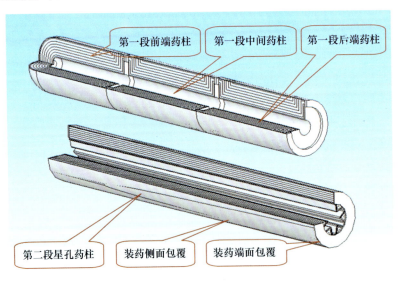

第一段前端药柱　第一段中间药柱　第一段后端药柱

第二段星孔药柱　装药侧面包覆　装药端面包覆

图4-38　环形内孔—锥形星孔分层燃烧装药

表 4 - 23 燃烧面随燃层厚度变化逐点数据

环形内孔		锥形星孔		组合药柱
燃层厚度/mm	燃烧面积/cm²	燃层厚度/mm	燃烧面积/cm²	燃烧面积/cm²
0	5916.73	0	11619.36	17536.09
4.22	6564.21	3	11924.80	18489.01
8.44	7902.74	6	12245.76	20148.50
14.07	10102.95	10	12592.37	22695.32
28.14	11810.31	20	12881.44	24691.75
42.21	11260.89	30	13335.51	24596.40
56.28	11742.32	40	15307.35	27049.68
70.35	12062.11	50	14718.15	26780.26
84.42	12220.18	60	9950.21	22170.39
98.49	12001.40	70	9178.15	21179.45
105	0	74	0	0
平均值	10158.38		12375.30	22533.69

燃面随燃层厚度变化曲线如图 4 - 39 所示。

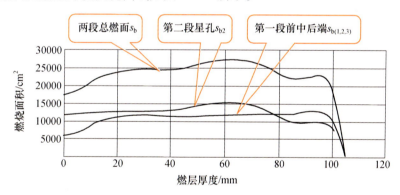

图 4 - 39 燃面随燃层厚度变化曲线

① 发动机内弹道计算。

采用迭代计算的方法,对不同推进剂燃速和不同燃层厚度的组合装药,计算其压强随燃烧时间变化的逐点数据。可通过计算机程序进行计算,将不考虑侵蚀燃烧影响的计算结果列于表 4 - 24 中,并对各项计算过程,计算内容和方法进行说明。

表 4 - 24　压强随时间变化逐点数据

燃烧时间 /s	$P_{1.8}$ /MPa	$P_{1.3}$ /MPa	$P_{1.8}+P_{1.3}$ /MPa	u_n /(mm/s)	u_x /(mm/s)	Pu_n /MPa	Pu_x /MPa	Pu_n+Pu_x /MPa
0	3.665	5.058	8.723	1.60	1.13	3.176	4.396	7.572
0.264	4.066	5.191	9.257	1.65	1.17	3.627	4.672	8.299
0.528	4.896	5.331	10.227	1.72	1.22	4.552	5.003	9.555
0.828	6.258	5.482	11.740	1.83	1.30	6.191	5.482	11.673
1.564	7.316	5.607	12.923	1.91	1.35	7.553	5.823	13.376
2.302	6.976	5.805	12.781	1.91	1.35	7.202	6.028	13.230
3.012	7.274	6.663	13.937	1.98	1.40	7.785	6.663	14.448
3.759	7.472	6.407	13.879	1.98	1.40	7.997	6.900	14.897
4.520	7.570	4.331	11.901	1.85	1.30	7.570	4.331	11.901
5.290	7.434	3.995	11.429	1.81	1.28	7.273	3.934	11.207

表 4 - 24 中,"燃烧时间"是根据两种药柱第二次迭代计算的燃速给出的。

该组合装药的燃层厚度不同,环形内孔药柱燃层厚度大,锥形星孔药柱的燃层厚度小,两者分别选用不同燃速的推进剂,以保证组合药柱同时燃完。所以计算的燃烧时间是一致的,如表中所列。

压强计算所用的环形内孔燃面和星孔燃面数据,是通过三维图形法计算的燃烧面积随燃层厚度变化的逐点数据。分别采用燃面逐点数据与各自的燃速随压强变化的数据,采用迭代法计算逐点压强。

表 4 - 24 中"$P_{1.8}$","$P_{1.3}$"及"$P_{1.8}+P_{1.3}$"各列所列数值,为第一次迭代计算压强的结果。

其计算方法是,采用压强工程计算式,先按两种推进剂的燃速不变,由燃烧面逐点值计算相应各点压强的近似值。"$P_{1.8}$"和"$P_{1.3}$"所列数值,分别给出环形内孔药柱和锥形星孔药柱,在推进剂燃速分别为 $u=1.8$ 和 $u=1.3$ 时的压强的近似值,"$P_{1.8}+P_{1.3}$"所列数值为两者压强之和,是组合药柱第一次迭代计算压强的近似值。

"u_n"和"u_x"各列数据,分别根据两种推进剂的燃烧规律,计算出与压强第一次近似值对应的燃速值,并将其作为第二次迭代计算的燃速值。

"Pu_n"和"Pu_x"各列数据,分别为两种药柱第二次迭代计算压强的结果,"Pu_n+Pu_x"所列数值为两者压强之和,是组合药柱第二次迭代计算压强的近似值。

将上述迭代计算过程,编成计算机程序,并给定压强计算的相对精度,就可以由程序对这种采用不同燃速的推进剂,不同燃层厚药柱相组合的装药形式,进行内弹道计算,给出压强随时间的逐点数据和曲线。压强曲线如图4-40所示。

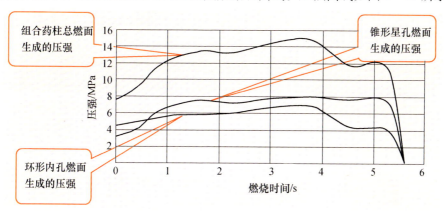

图4-40 压强随时间变化曲线

② 有侵蚀燃烧的内弹道曲线。

因该组合装药是按高装填密度装药设计的,装填密度和通气参量都较大,在装药燃烧初期,会因燃气流速大引起侵蚀燃烧,使推进剂药柱燃烧速度增大,产生较大的侵蚀压强增量。对此,在装药药形设计时,采用环形内孔药形,以较小的初始燃烧面所产生的较低压强,与侵蚀引起的压强增量相迭加,以消除或降低装药燃烧时的初始压强峰值。这也是通过本例,说明大尺寸高装填密度组合装药工程设计的又一种方法。

对高通气参量下燃烧的装药,要了解所选推进剂的流动特性,掌握初始压强峰值比(初始压强与平均压强之比)与通气参量间的量值关系,通称侵蚀函数(也称侵蚀比)。对大直径、大长细比、装填密度高的中、大型发动机装药,通过试验测得所选推进剂的侵蚀函数,对于确定药形参数和进行内弹道计算尤为重要。一般,可通过标准发动机的性能测试来获取。常根据实际装药药形按标准发动机尺寸进行缩比:在装药量不变的条件下,改变药柱的直径,设计不同的通气参量;或在药柱内外径不变的条件下,改变药柱长度,设计不同的通气参量。都可通过调整喷喉直径大小,使标准发动机燃烧室的平均压强与装药设计压强相接近。经较系统的试验来实测所用推进剂的侵蚀函数,可为大型装药内弹道计算提供试验依据。

本例借助相近性能推进剂的试验结果进行计算,用来说明侵蚀函数在高装填密度装药设计中的应用。

以4.5.3节实例七中的侵蚀函数为例,计算本例的侵蚀比为

$$\varepsilon = 1 + 10.32 \times 10^{-3}(\alpha - \alpha_{Lj})$$

$$= 1 + 10.32 \times 10^{-3} \times (144.6 - 100) = 1.46$$

该推进剂临界通气参量 $\alpha_{Lj} = 100$。组合装药通气参量为144.6,由上式计算的初始压强峰值比为1.46,与表4-24所列未考虑侵蚀影响的初始段压强迭加后,其压强随时间变化也发生改变,使初始压强增大。初始压强增大的时间范围,是由侵蚀燃烧时间和侵蚀比的大小决定的。计算结果见表4-25。计算得初始压强峰值为13.38MPa,侵蚀燃烧时间为0.52s,此时,燃气流动通气参量为98.4,满足小于15MPa的设计要求,见图4-41。

表4-25 有侵蚀影响的初始段压强

燃烧时间/s	$Pu_n + Pu_x$/MPa	有侵蚀 $Pu_n + Pu_x$/MPa
0	7.572	11.055
0.264	8.299	12.034
0.528	9.555	13.380
0.828	11.673	13.011
1.564	13.376	13.376
2.302	13.230	13.230
3.012	14.448	14.448
3.759	14.897	14.897
4.520	11.901	11.901
5.290	11.207	11.207

5)性能验算

(1)平均燃面。

第一段前节药柱:$S_{b1} = 3244.2 \text{cm}^2$

第一段中间一节药柱:$S_{b2} = 3457.1 \text{cm}^2$

第一段后节药柱:$S_{b3} = 3457.1 \text{cm}^2$

第一段环形内孔药柱总燃烧面积:$S_{Hb} = 10158.4 \text{cm}^2$

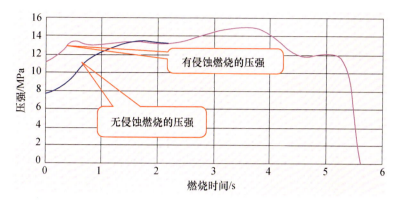

图 4 - 41　侵蚀燃烧的压强曲线

第二段锥形星孔药柱总燃烧面积:$S_{2b} = 12375.3 \mathrm{cm}^2$

组合药柱总燃烧面积:$S_b = 22533.7 \mathrm{cm}^2$

（2）药柱质量。

第一段前节药柱:$W_{pq} = 57.14 \mathrm{kg}$

第一段中间一节药柱:$W_{pz} = 60.19 \mathrm{kg}$

第一段后节药柱:$W_{ph} = 60.19 \mathrm{kg}$

第一段环形内孔药柱总质量:$W_{p1} = 177.5 \mathrm{kg}$

第二段锥形星孔药柱质量:$W_{p2} = 170.5 \mathrm{kg}$

组合药柱总质量:$W_p = 348 \mathrm{kg}$

（3）药柱最大燃层厚度。

第一段环形内孔药柱燃层厚度:102mm

第二段锥形星孔药柱燃层厚度:锥孔大端为62mm;锥孔小端为72mm

（4）燃速及燃烧时间。

两段药柱燃烧时间均:5.5s

第一段环形内孔药柱推进剂燃速:18.5mm/s

第二段锥形星孔药柱推进剂燃速:13.0mm/s

（5）平均推力。

第一段环形内孔装药产生的平均推力:$F_{1CP} = 80.81 \mathrm{kN}$

第二段锥形星孔装药产生的平均推力:$F_{2CP} = 69.18 \mathrm{kN}$

发动机总平均推力:$F_{CP} = 149.99 \mathrm{kN}$

按装药质量计算平均推力:$F_{CP} = 158.18 \mathrm{kN}$

设计计算取两者平均值为:154.1kN

(6)燃烧室压强。选定燃烧室压强:$P_{CP} = 12\text{MPa}$

(7)喷喉面积。取推力系数为1.52,则,

喷喉面积:

$$A_t = F_{CP}/P_{CP} \cdot C_F = 154.1/(12 \times 1.52) = 85.61\text{cm}^2$$

喷喉直径:

$$D_t = 10.44\text{cm}$$

设计取值为10.5cm

(8)总推力冲量。按药柱质量计算,

$$I_0 = W_p I_{sp} = 348 \times 2500 = 870.0\text{kN} \cdot \text{s}$$

按平均推力计算,

$$I_0 = F_{CP} t_b = 158.18 \times 5.5 = 869.83\text{kN} \cdot \text{s}$$

设计计算取两者平均值为:869.9kN·s。

用于上述性能验算的药形参数、药柱质量及推进剂性参数等,均为装药药形设计最后结果,性能验算结果表明,发动机总冲、平均推力及燃烧时间等弹道性能参数,均能满足设计技术指标要求。

该设计实例说明,对大直径装药,采用组合装药设计技术,也同样能设计出高装填密度的装药。

4.5.4　高装填密度设计适用条件

以上通过对高装填密度药形设计、高装填密度装药组合药柱设计和高装填密度装药通气参量设计等实例计算与分析,说明高装填密度装药设计的一些实用方法,此外还可以通过调整内外表面燃烧药柱的通气参量,采用适合高装填参量的药形、如梅花药形、管槽药形等,实现高装填密度装药设计。但应该指出的是,高装填密度装药设计,使装填参数和通气参量都处于推进剂允许使用值的上限,这就使设计参数处于饱和状态,设计裕度很小。所以,除因受到发动机结构尺寸限制,或因不采用高装填密度装药,总推力冲量要求就不能满足等情况下,才有必要进行这种设计。

4.6　装药结构完整性分析

在储存运输和使用中,装药结构完整是装药可靠工作的重要保证。由于装

药的推进剂属高分子粘弹性材料,其力学、物理性能都与弹性结构材料有很大不同,材料的粘弹性理论在工程设计上的实际应用还不成熟,给装药结构完整性设计和计算都带来一定的困难。

4.6.1 推进剂材料特性

在载荷作用下弹性结构材料的力学性能,如强度、应力与应变关系等,都呈现出可重现的力学参数特性,是恒定的;而推进剂这种粘弹材料的力学性能,很大程度上取决于所受温度和载荷作用时间,在不同的温度和相同加载速度下,呈现出不同的应力与应变关系,特别在高温下,有明显的蠕变、应力松弛等特性。药柱试件的试验结果表明,当给定某一载荷时,在应变曲线上,只出现瞬间弹性响应,随后,推进剂试件产生伸屈,引起弹性延迟响应,并伴随界面的移动响应,称蠕变现象。由于推进剂材料这种复杂的力学特性,需将推进剂药柱的力学性能控制在弹性或线性粘弹性范围内使用。避免装药受不当载荷作用,引起装药材料出现蠕变或应力松弛。

4.6.2 装药受力

不同的导弹或火箭产品有不同的使用环境,这使发动机装药所受载荷也有所不同。为了使装药工作可靠,根据技术要求和使用条件,做好装药的受力分析,并根据弹性或线性粘弹性理论进行装药强度计算和力学性能分析是十分必要的。

1. 点火时的瞬时冲击力

装药点燃时,靠点火装置中点火药燃烧热量和生成的点火压强点燃装药,这种瞬时压强作用,有时会对装药产生破坏作用。

对于强迫点火的点火形式,是在装有点火药的容腔内生成点火压强,火药气体从定向开孔处喷出,并在开孔处就形成射流,这种具有一定压强的点火药气体,在点火瞬间作用在药柱上,对药柱产生较大的冲击力;这些定向孔常采用铝箔等材料密封,在点火瞬间射流的冲击下,被剪切掉的箔片,形成高温颗粒冲击药柱,需防止装药药柱或包覆层被冲坏。

对于自由空间点火形式,点火药盒置于燃烧室自由空间内,点火时也要形成点火压强,要根据点火药品种、点火药量、点火位置、点火空间大小等,确定的点火压强等点火参数要合适,避免点火压强过大引起装药破坏或其他结构破坏。

对于火焰喷射点火形式,确定点火器安放的位置和喷射火焰参数,包括喷嘴压强、喷射速度等要合适,避免火焰冲坏药柱表面。特别对斜置点火器,确定的喷射火焰参数,在保证快速点燃装药的前提下,应尽量小。

2. 导弹发射时的过载力

小角度发射导弹时,为防止弹道下沉量过大和保证导弹有足够的初始速度,常常采用短时间能产生大推力的助推或发射动力来实现,这种短时大推力的动力发射,会产生较大的发射过载,以瞬间作用力的形式使装药受力,在装药结构、强度设计及缓冲设计中都需加以考虑,以避免对装药产生破坏。

3. 控制飞行中的横向过载力

在制导飞行中,导弹在横向过载力的作用下,也会使装药承受这种过载引起的横向受力,对自由装填式装药,装药要能承受横向过载力,特别对装药药柱质量大或复杂药形装药,设计时应予以充分考虑。

4. 炮发射导弹的过载力

炮射导弹的过载高达几千个 g,装药受到的过载力更大,能承受这样大的过载力的装药,要经过专门设计,除了要求装药具有高强度、高弹性等力学特性以外,在装药的抗过载设计、支撑固定、缓冲和扶正等结构设计上,都需采取相应的技术措施,才能使装药满足炮发射装药结构完整性的要求。

5. 装药装填中缓冲和预紧力

装药在发动机燃烧室内的装填,需要对装药支撑、固定和缓冲。这些装填结构设计,既要保证装药在燃烧室内安装固定可靠,又不能引起过大的预紧力。装药在装填中的预紧力不当,会引起装药局部损坏。特别对长细比较大的装药,因装药药柱的热胀系数较金属材料大,高低温差引起装药的伸缩量也大,在保证低温有合适的预紧力后,高温时由于药柱的伸长量大,会引起预紧力过大,需要在选择缓冲材料和确定缓冲结构及尺寸时,使装药的预紧力合适,避免产生装药局部损伤。

6. 运输期间的震动冲击力

一般情况下,导弹的运输是有包装的,但由于运输路况复杂,对导弹武器的震动和冲击破坏不容忽视,特别对发动机装药的损伤和破坏也需采取相应设计加以防护。

目前,对接近定型的导弹或发动机产品,都要按照国家军用标准的规定,进行运输试验加以考核,用试验证明装药承受运输中抗震动和冲击的能力。

7. 药柱成形中的工艺力

浇铸药柱固化要引起收缩,对于贴壁浇铸工艺成形药柱时,由于药柱固化时的收缩,常常引起药柱与包覆层间或与燃烧室隔热层之间变形不协调,界面间药柱被撕裂,需要采用人工脱粘等工艺措施加以解决,以消除这种工艺力对药柱的破坏。

8. 温度载荷引起的装药破坏

由于温度变化,骤然温差会使药柱的物理性能发生改变,或影响其工作可靠性,都需在设计上予以解决。比较典型的温度影响常有以下几种。

（1）外挂导弹的气动加热引起的热应力;

（2）环境温度突变引起的热应力;

（3）发射场地昼夜温差引起的热应力。

4.6.3　装药破坏模式

在试验和使用中,装药破坏形式有多种模式,有的由于承受不当受力,有的由于药柱内部缺陷,都会直接影响装药结构的完整性。最常见的破坏模式有药柱裂纹、包覆脱粘、不当受力引起的变形及局部损伤等。

4.6.4　装药完整性设计的重要环节

1. 燃烧室内壁有间隙的装填设计

装药在燃烧室内合理装填,是保证装药结构完整性和装药可靠工作的重要设计内容。其装填形式是,有的装药按发动机设计要求与装配工艺规程要求,将其装填在燃烧室内,成自由装填形式,装药与燃烧室内壁有间隙,装药可拆装。

自由装填装药包括端面和侧面都包覆的星形、车轮形、管槽等内孔燃烧药形装药;前端面和侧面包覆,端面和内孔燃烧的半封闭式结构装药;端面包覆（一端或两端）的单根管形、梅花形（多圆弧形）等药形装药;多根（三根以上）管形、锁形或其他形状的内外表面燃烧药形的装药等。

这些不同结构的装药在燃烧室内的支撑与固定、定位安装、缓冲与补偿等,是装药装填设计的重要环节。

1）内孔燃烧装药装填设计

这种装药在燃烧室内的支撑与固定、定位安装较为简便。由于装药外表面与燃烧室内表面的间隙较小,一般要保证高温下装药直径胀大变形后,与燃烧室

内壁间应有合适的间隙,防止因胀大变形引起药形圆角处过大的形变,或产生应力集中。这种装药与燃烧室的同轴性也就由这一装配间隙决定,装填设计主要着重对装药的缓冲、密封和各种补偿设计。

内孔燃烧装药的缓冲、密封与补偿设计,是通过缓冲与补偿结构来实现的,一般在装药前端和后端设置具有弹性的零组件。前端常采用航空海面橡胶、弹簧等弹性结构件;后端常采用有一定弹性的耐高温橡胶制成的缓冲垫。这些结构件,除起到对装药所受冲击力的缓冲作用,对由于温差产生的装药轴向尺寸变化,燃烧室内各种结构件轴向尺寸误差进行补偿的作用外,在装药工作初始,还要保证装药后端面的密封,达到使装药外表面与燃烧室内表面间的外腔燃气处于滞止状态,以使装药侧面包覆不被燃气流冲刷,保证装药包覆工作可靠。

应该注意的是,在缓冲和补偿的结构设计中,既要使缓冲和补偿的功能可靠,同时又要充分根据装药尺寸和推进剂热膨胀数据,对经缓冲补偿设计后装药所受最大预压强度仔细地计算,不应使装药局部产生破损,必要时应进行装填试验予以验证。

2）单根内外燃烧装药装填设计

单根内外燃烧装填设计与内孔燃烧装药装填设计相比,所用的缓冲和补偿材料相近,但在对装药的同轴定位和安装上有很大不同。

装药在燃烧室内往往需要与燃烧室同轴定位,以减少装药质量偏心、几何偏心和燃气流动的不对称度,引起发动机推力偏心。有些螺压工艺成形的单根管形装药,是通过在药柱外表面上压制出纵向突台,用突台外径与燃烧室内径相近来实现同轴定位,而有的像梅花形药形装药,则充分利用药柱外圆弧面与燃烧室内表面相近来实现同轴定位。对不能实现上述定位的装药,要通过设计前后支撑件来实现同轴定位,设计这种结构时,也可结合燃烧室内其他结构件的设计,如装药前端的点火支架、后端的挡药板等,使这些结构件相互兼容,起到多功能的作用,有利于增加结构可靠性和提高发动机的结构性能。发动机前端典型装填结构如图4-42所示。

对于这类装药的缓冲和补偿设计,除可按照内孔燃烧装药的方法设计外,更应注重点火瞬间压强冲击对装药前端的防护。

3）多根内外燃药柱装药的装填设计

多根药柱在燃烧室内的装填,要使各单根药柱相对燃烧室横截面分布均匀对称。

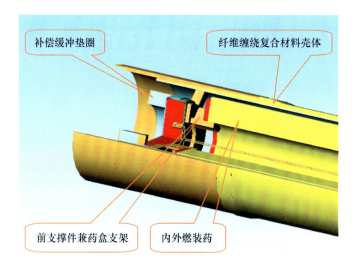

图4-42　发动机前端装填结构

对于单根药柱质量小的短药柱,可选择药柱在前端悬臂固药结构,这种结构多采用将各药柱粘接在固药板的固药销钉上或固药盘上,形成组件后装入燃烧室内,如图4-43所示。

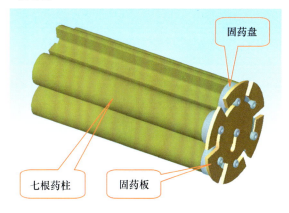

图4-43　多根管状装药组合件

为保证这种装药在点火时不被损伤,要避免点火压强对药柱的冲击;在固药端要通过结构或粘接剂的选择,使药柱与固药结构间有一定的适应受力变形能力。

对长细比较大的多根药柱,也常组装成装药组件。在装入燃烧室前,也要采用弹性材料制作支撑件,对多根药柱进行支撑和初始定位;在搬运中,也用于对装药药柱的缓冲。

对毛刷式多根挂药结构的装药,因药柱根数多,药柱截面面积小,更要对药柱挂药结构设计、粘接剂选用及对药柱所受点火冲击的保护等予以充分考虑。

2. 燃烧室内壁无间隙的装填设计

为了增加装药量,有些装药采用贴壁浇铸装填形式,适用于这种装填形式的推进剂,包括复合推进剂、改性复合推进剂、复合改性推进剂、NEPE 推进剂和改性交联推进剂等,常用这种装填形式制备大尺寸装药。

为有效减小消极质量,近年也出现一些采用纤维缠绕将装药与轻质复合材料壳体连接成一体的装填形式,称带药缠绕装药。这些装填的优点是可实现与燃烧室内壁无间隙,可最大限度的增加装药量。

在这些燃烧室内壁无间隙设计与装填成形中,需更加注重装填设计和关键工艺的质量控制,采取相应的技术保障措施,以避免装填中产生装药破坏。如对贴壁装药采用人工脱粘技术措施、自由悬空结构,带药缠绕装药的支撑与脱模技术等。

1) 人工脱粘技术

贴壁浇铸装药的两端圆头部位或直柱端,由于推进剂固化过程的收缩,温差突变等因素影响,装药包覆与药柱界面或包覆与燃烧室隔热层之间,因变形不协调而产生应力,为消除这种对装药起破坏作用的应力,在易发生撕裂的部位,根据装药与壳体隔热层的尺寸和形状,加入合适尺寸和形状的人工脱粘层。这一层与装药包覆和壳体隔热层相粘接,但粘接的强度很低,当承受应力作用时,装药在人工脱粘层部位脱开,因而可消除所受应力的破坏作用。

有的还采取将一种不溶于包覆的脱模剂,涂在整个隔热层与包覆之间的界面上,然后制作包覆层,再进行推进剂浇铸。当装药随温度变化产生收缩时,装药可自动与壳体隔热层分开,在可靠的密封结构保证下能保证装药可靠工作,也是一种贴壁浇铸装填设计的形式。

2) 自由悬空结构

自由悬空结构是在贴壁浇铸装药的后端靠近喷管座部位,将紧贴在壳体隔热层的包覆层设计成可使药柱后端悬空的结构,形成浇铸的这部分装药成无约束的自由状态,从而消除药柱固化收缩中引起的应力,避免界面脱粘或撕裂药柱。制作的包覆和装药的悬空结构如图 4-44 所示。

在浇铸装药时,要将包覆悬空处进行工艺支撑,以保持设计尺寸和形状。

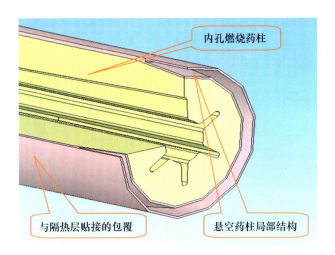

图4-44 贴壁浇铸装药自由悬空结构

为保证这种装药在发动机壳体中的正确定位,要对后端的结构件进行结构协调性设计,并同样设计好对装药的缓冲和密封结构。图4-45表示这种装药发动机的一种结构。

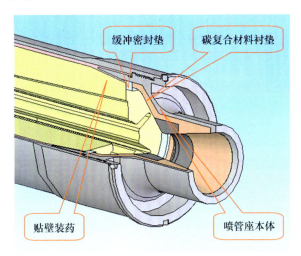

图4-45 贴壁浇铸发动机后端自由悬空结构

3)带药缠绕的支撑与脱模

带药缠绕的支撑与脱模工装设计是否恰当,是影响带药缠绕装药产生破坏的工艺因素之一。带药缠绕是指在纤维缠绕工艺中,以装药为缠绕模芯或模芯的一部分,在装药包覆层外面成形一层隔热层后,开始纤维缠绕。由于装药本身的弹性小、强度低,在缠绕机缠绕张力作用下,会产生弯曲变形,除长细比较小的端面燃烧药柱可以用装药直接作为缠绕模芯以外,长细比大的或是内孔燃烧装药,缠绕时都要对装药进行支撑。一般,将带药缠绕装药分两种支撑形式。一种是对端面燃烧装药的支撑,常采用将药柱两端与缠绕机连接后,在药柱中部设计一个随动托架,在缠绕纤维的过程中,对旋转的装药进行支撑;另一种是对内孔燃烧带侧面包覆装药的支撑,一般采用芯模支撑的形式。对大型或复杂的内孔燃烧装药,有的要采用可拆卸的芯模进行支撑。都是为保护装药在实施缠绕工艺中不发生破坏。

　　总之,装药的装填设计对储存、运输和使用中保证装药结构完整性十分重要,要根据各种不同形式的装药,结合成形工艺特点,设计能保证装药可靠工作的装填结构,必要时要设计合适的工装予以保证。

第 5 章　装药包覆设计

固体推进动力系统的装药主要由推进剂药柱和包覆层组成。对装药技术要求及性能计算等内容已在前面各节中作了介绍,本章主要介绍包覆层技术要求、包覆设计、成形及包覆层性能检测等。

5.1 装药包覆技术要求

装药制备主要包括药柱成形和包覆层的制备。推进剂的配制及成形的药柱是装药的主体,包覆则是装药的总成。根据设计需要,对采用内外表面燃烧药形的药柱,需用端面包覆;对采用内孔燃烧药形的药柱,需采用外侧面和端面同时包覆;也有的装药只对药柱局部表面进行包覆,实现对局部药柱表面缓燃或瞬间阻燃。

包覆是保证装药能按预定燃烧规律进行燃烧的重要技术措施。一般情况下,要通过包覆阻燃层的可靠阻燃,才能实现装药燃烧面随燃层厚度的变化规律,满足推力方案的要求。因此,包覆材料的选择、各项性能的确定、成形工艺的选择,都要根据装药包覆设计技术要求进行。装药设计人员,对所设计的装药包覆要恰当的提出设计技术要求。

5.1.1 包覆层要具有良好的耐烧蚀性能

大多数包覆材料为高分子聚合物,这些材料在200℃温度左右就会发生热分解,而推进剂在燃烧室内的燃烧温度,有的高达3000℃以上,这些高聚物也都处在热分解和燃烧等物理或化学变化过程中,并遵循烧蚀机理不断地被烧蚀。

研究表明,在高温高压燃气流的作用下,烧蚀沿包覆层的厚度方向进行,由火焰接触表面向包覆层内燃烧,形成碳化层(或焦化区)、分解层(或反应区)、原始层。随着火焰接触层的不断被碳化、烧蚀和冲刷,各层分布也会往包覆层的深层推移。能可靠工作的包覆层,在燃烧结束时,要保留一定厚度的包覆层。由于包覆层被烧蚀的速度要比推进剂燃速低得多,加上碳化层对内层的隔热保护作用,使包覆层对药柱表面起到抑制燃烧的阻燃作用。

在包覆层技术要求中,常提出对包覆层的烧蚀率参数要求。

5.1.2 包覆层要具有良好的抗冲刷性能

抗冲刷性能主要指裸露于燃气中的包覆层所具有的抗冲刷性能。这一性能可以避免包覆层过早地被燃气流烧蚀和冲刷掉,使燃烧室壳体中的隔热层,因过早受高温燃气的烧蚀和冲刷而失去隔热效果,甚至引起金属壳体过热使强度降低。对复合材料壳体,也会因隔热层过早失效造成被燃气烧穿。

研究和试验结果表明,包覆层有较好的密实性,并且具有较高的剪切强度的包覆层,其耐烧蚀和抗冲刷性能较好。

在包覆设计技术要求中,常以力学性能要求中的强度和烧蚀率等指标相协调,通过耐烧蚀、强度及密度等指标要求,来保证包覆层的抗冲刷性能满足设计要求。

5.1.3　包覆层要具有良好的隔热性能

包覆层所用材料多是高分子材料,如双基推进剂药柱常用硝化纤维素作包覆材料;改性双基推进剂药柱常用端羟基聚丁二烯、环氧树脂和聚酰胺、聚氨酯、丁苯橡胶、三元乙丙橡胶等作包覆材料;复合推进剂药柱以及 NEPE 推进剂药柱,也多用橡胶类物质作包覆材料。只是在用这些材料作包覆基础材料时,再加入一些增塑剂、抗烧蚀填料、防老剂等辅助材料。由这些高分子物质构成的非金属材料制成包覆层后,因其导热系数较金属材料低得多,所以包覆层本身就具有较好的隔热性能。因所选材料不同,包覆层的隔热性能也有很大不同。

对包覆层的耐烧蚀、抗冲刷及隔热性能要综合考虑。如含金属氧化物作填料包覆层的导热系数较高,但耐烧蚀、抗冲刷性能较好,适于作端面燃烧装药和管槽形装药的包覆层;乙基纤维素类、不饱和聚酯类和聚氨酯类包覆层,可直接与药柱粘结,隔热性好,适合做内孔燃烧药柱的侧面包覆。

包覆材料的隔热性能一般都用包覆层的导热系数来表征,其测试方法和设备都有相关企业标准作测定依据。

5.1.4　应具有足够的强度和延伸率

装药在储存、运输和使用中,会受到各种载荷作用,使药柱包覆层受损;环境温度的骤变会引起包覆和药柱界面变形不协调而产生应力集中,使界面脱粘,局部开裂或分层。这就要求包覆层除了要与药柱有良好的粘结强度外,包覆层自身也要具有足够的强度和延伸率,并能与推进剂药柱的强度和延伸率相匹配。

对于贴壁浇铸装药的包覆,由于外层金属壳体的膨胀系数要比包覆材料小得多,在推进剂固化冷却时,药柱产生收缩变形,包覆层与金属壳体或壳体内隔热层的贴接界面所受应力很大,除采用人工脱粘等措施外,也要求包覆层要有足够的强度和低温延伸率。

此外,包覆层的抗拉强度高,其剪切强度也高,这种包覆层抗燃气流的冲刷性能就好。

对橡胶类包覆,为保证其粘结强度,防止包覆层在受各种载荷作用下出现开裂等破坏现象,在技术要求中,常提出高温抗拉强度和低温延伸率等参数要求。

5.1.5　包覆与药柱间应具有良好的粘结性能

良好的粘结性能可使包覆和药柱间具有较高的粘接强度。装药在储存、运输和使用中的各种受力,温差变化等都是产生装药破坏的外部因素。只有使包覆和药柱间具有较高粘接强度,两者间的力学性能相匹配,在各种载荷作用下,才能使装药的结构完整性得到保证。

在包覆设计技术要求中,一般要对包覆层提出剥离强度要求。用剥离强度表征药柱与包覆界面的结合强度,可通过专用试验装置测得。

5.1.6　包覆层燃烧的烟雾特性

发动机火焰羽流中包覆层燃烧后排出的烟雾和残渣占有很大的比例,同样影响导弹制导信号的传输,影响导弹飞行和发射阵地的隐蔽性。对于这种武器,在选用包覆层材料时,要选择具有低特征信号的包覆层材料。

实现包覆层低特征信号特性,常有两种措施可以选择。一种是让包覆层尽量不燃烧。如法国 SNPE 公司的 RTV 包覆层(也可用作隔热层),就是在硅橡胶中加入碳纤维或玻璃纤维,因排出产物很少,低特征信号特性较好;我国某重型反坦克导弹飞行发动机的装药,工作时间较长,采用三元乙丙橡胶加耐烧蚀填料制作包覆层,装药工作后,残留包覆层仍保持完整,也能获得较好的信号传输性能。另一种是让包覆层燃烧,但要使燃烧后的产物生成小分子的气体。这类包覆层常使用脂肪族聚氨酯材料,添加有机填料后制成。在导弹发动机装药中使用时,都得到了较好效果。如我国某型号发动机装药使用聚氨酯包覆,已定型装备部队。

根据装药类型不同,对包覆层的选择也有不同。对端面燃烧装药,因包覆层裸露在燃气中的时间较长,包覆层的隔热、耐烧蚀和抗冲刷性能要好,常选用橡胶类包覆层;对内孔燃烧装药,因包覆层暴露在燃气中的时间很短,常选用脂肪族类包覆层。

5.1.7　包覆与推进剂的相容性

包覆层与推进剂的相容性要好。相容性包括化学相容性和物理相容性。化学相容性是指包覆的组分与推进剂组分之间不发生化学反应,不影响推进剂化学安定性。选择包覆材料首先要避免使用与推进剂不相容的材料。

包覆层与推进剂相容,还要注意解决推进剂和包覆层之间的物理不相容问题。主要指组分的迁移(也称扩散或渗透)。双基系推进剂的硝化甘油、二乙二醇二硝酸酯,苯二甲酸二丁酯等;复合推进剂中的液态增塑剂和二茂铁类催化剂等组分,也能向包覆层中迁移。在长期储存中,组分中含有的低分子的液态组分可逐渐通过界面扩散,进入相邻材料层中。在迁移的组分中,硝化甘油等高能成分的影响最大,包覆层中渗入的硝化甘油含量达到一定程度,就变得易燃,失去阻燃作用,严重时会导致装药燃烧时产生爆炸。其他增塑剂的迁移也会使推进剂和包覆层界面的粘接强度下降,引起包覆层脱粘。

检测包覆层与推进剂的化学相容性常用差热分析法、压强法、真空安定度法等。差热分析法是先将推进剂药柱试样放在差热分析仪中,以5℃/min的升温速度,测得分解放热最大温度点的温度值;再用包覆材料加推进剂(1∶1)的混合样品于同样条件下,测得放热最大温度值,若两者最大温度点的温度差值小于2℃,则认为包覆材料与推进剂相容,否则为不相容。这项性能主要靠包覆配方的调配予以保证。

5.1.8　老化性能应满足长期储存要求

因为包覆材料普遍采用高分子聚合物,在长期储存中,老化是普遍关注的问题,随存放时间的增长,温、湿度影响,高聚物会产生降解,使包覆层的粘结强度降低,包覆材料易出现龟裂、变脆、变软或发粘等现象;界面处还存在增塑剂、成分迁移和扩散等问题,这些都会引起包覆层的阻燃性能降低,严重时会造成装药工作不可靠。因此,要在技术要求中提出对装药及包覆的储存要求,规定装药储存年限,以便研究人员采取相应的技术措施。

5.1.9　包覆层材料密度的选择

除上述要求外,包覆材料选择或配方设计也要考虑包覆层的密度的大小。填料密度低的包覆层,一般粘结性能较好,适于作内孔燃烧药形装药的包覆,因为这种药形装药燃烧时,外通道的燃气流处于滞止状态,加上装药本身又具有良好的隔热性,燃烧室壳体也能得到较好的隔热防护。这样的包覆层也可使装药质量减小。对长时间裸露于燃气中的包覆层,如端面燃烧装药、高密度包覆材料更容易满足抗冲刷性能要求。

5.2 装药包覆及阻燃层设计

对装药设计人员,根据药形和燃烧方式确定包覆层或局部阻燃层形式,较其他设计项目要容易,但是,能恰当地提出对包覆层的设计技术要求,要经过调研、分析,与包覆研制人员充分协商才能完成。

5.2.1 包覆层厚度的确定

包覆层设计和厚度的确定,根据包覆形式不同也有所不同。

1. 端面燃烧药柱的侧面包覆

设计端面燃烧药柱的侧面包覆层的厚度,一般需要考虑到以下因素。

(1) 所选用推进剂的性能。一般,推进剂的燃烧温度越高,所需包覆层越厚;推进剂中金属颗粒填加物或金属氧化物含量越高,所需包覆层越厚。

(2) 装药燃烧时间。燃烧时间越长,所需包覆层越厚。超长时间工作的装药包覆,如药柱燃烧时间超过 50s 以上的装药包覆,需采用双层或多层包覆结构。

(3) 所用包覆材料的性能。材料的抗冲刷性能越高,耐烧蚀性能越好,包覆层的厚度越小。

2. 内孔燃烧药柱的侧面包覆

内孔燃烧装药的侧面包覆厚度的确定,常根据包覆材料和所采用的包覆成形工艺来确定。

(1) 包覆层与药柱的粘接性能越好,两者的粘接的强度越高,采用较小厚度的包覆层,即可满足药柱燃烧至终燃面时的瞬间阻燃要求。

(2) 采用灌涂工艺、喷涂或刷涂工艺成形的侧面包覆,尤其在采用抽真空灌涂条件下,容易保证包覆层与药柱外表面的粘接性能,粘接强度较高,包覆层的厚度只需满足燃烧终了时的瞬间阻燃要求即可。

(3) 对于套包或贴片工艺成形的侧面包覆,需要通过粘接层,也称过渡层将包覆层与药柱表面相粘接,相对上两种工艺成形的包覆层厚度要大。

对于侧面包覆,且有裸露在燃气中的包覆层,一般都采用经验公式计算包覆层所需厚度

$$h = c \cdot t_b \cdot \delta\%$$

其中,h 为包覆层厚度;c 为裕度系数;t_b 为装药燃烧时间;$\delta\%$ 为所选包覆材料的线性烧蚀率。

3. 端面包覆

端面包覆指内外表面燃烧装药的端面包覆片,也包括内孔燃烧药柱侧面燃烧的端面包覆。其包覆片的厚度要考虑到药柱前后的缓冲结构,支撑药柱的结构尺寸。包覆片的尺寸与厚度要与这些结构相协调。前端包覆片的厚度和尺寸,还要考虑到前端点火具或点火装置的安装位置,在点火压强的冲击下,对药柱前端面要起到保护作用。为此,确定端面包覆片时,其厚度尺寸应足够大。

5.2.2 包覆层结构的确定

1. 单层结构

内孔燃烧的侧面包覆和端面燃烧药柱的侧面包覆,在装药燃烧时间较短的情况下,一般都采用单层结构的包覆层,这种结构的包覆层成形工艺较简单,阻燃性能较可靠。

2. 多层结构

长时间工作的端面燃烧药柱,由于药柱已燃完的包覆层,裸露在燃气流的时间较长,这部分包覆层被烧蚀、碳化和冲刷,使燃烧室壳体内壁直接暴露在燃气中,在燃烧室的内隔热层不能有效隔热的情况下,使壳体壁温升高引起强度下降,会严重影响发动机工作的可靠性。从现在产品使用情况看,工作时间超过 50s 的端面燃烧装药,都采用多层结构的侧面包覆。某型号"佈撒器"续航发动机的端燃装药,工作时间长达 180s,采用多层结构的包覆层,很好地满足了长时间工作要求。

3. 夹层结构

夹层结构包覆层是近年出现的包覆层阻燃结构,采用在密封的阻燃包覆层材料之间,夹入低熔点材料层,这种材料在较低的温度下,呈现熔融状态,在装药燃烧中,以其良好的隔热性能,起到有效的隔热和阻燃作用。经剖析国外某型号长时间工作的端燃装药包覆层,就是采用了这种夹层结构的侧面包覆层。

5.3 包覆成形工艺

除了按装药设计技术要求成形药柱以外,成形药柱包覆也是装药制备很重要的内容,这些都是由装药研制和生产人员完成的,但装药设计人员要根据发动机设计技术要求,确定用哪种包覆形式,并在装药设计技术要求中给出包覆的技术要求、结构图及相应的尺寸,以作为装药制备的依据。为此,了解装药包覆的制备和成形,有助于更好地制定包覆层的设计技术要求。

5.3.1 侧面燃烧装药包覆

内孔燃烧装药需采用侧面包覆,就是在药柱外表面和两个端面上都要进行包覆。根据选用推进剂种类,可采用不同的包覆材料。复合推进剂自由装填药柱,常选择橡胶类包覆;普通双基推进剂自由装填药柱,常选择乙基纤维素、不饱和聚酯类包覆;改性双基类自由装填药柱,常选择三元乙丙、硅橡胶、不饱和聚酯或聚氨酯类包覆;贴壁浇铸复合推进剂装药包覆,常用橡胶类包覆。

包覆材料不同,成形包覆的工艺也不同。对自由装填装药,纤维素类包覆是靠包覆剂自身粘结力与药柱表面粘结,成形工艺常采用浸渍、注塑、挤压、涂刷、喷涂等工艺。橡胶类包覆常要预制成包覆筒后,再经表面处理后,用专门的粘结剂将药柱与包覆筒粘结。

贴壁浇铸装药成形包覆时,要先将包覆成形在燃烧室壳体内,还需采用人工脱粘工艺措施后再浇铸推进剂,经固化、脱模及整形处理后形成装药。

5.3.2 端面燃烧装药包覆

这种端面燃烧装药,要对实心端燃药柱的侧面和前端形面进行包覆。因为端面药柱燃烧中,包覆内表面很快就暴露在推进剂的燃气中,包覆材料要选择耐烧蚀和抗冲刷的材料。如三元乙丙(EPDM)、端羟基聚丁二烯、聚酰胺、聚氨酯、丁苯橡胶、硅橡胶等。成形工艺常采用套装工艺,套装时,经对粘结面处理后,用粘接剂(过渡层)将包覆筒与药柱套装在一起,将多余的胶液挤出后进行室温固化。中小直径装药适于采用这种套装工艺。

对于工作时间超长的端燃药柱,需采用分段套包工艺。如成形工作时间超过150s的中等直径药柱(150mm以上),就要采用多层分段套包的工艺形式,这种装药包覆的外层,需采用玻璃纤维或碳纤维耐烧蚀材料制作,并利用多层搭接的包覆结构,可使分段界面具有很好的密封性能。

5.3.3　药柱局部阻燃或缓燃层

药柱局部阻燃或缓燃层主要是针对高装填密度装药,或长细比较大的内外燃烧的装药所设计的,其主要作用是使包覆的药柱表面被阻燃或暂缓燃烧,这样,使初始燃烧面积减小,以减小初始通气参量,达到减小初始压强峰值的作用。经某航空火箭发动机的应用,取得较好的效果,可使初始压强峰值由 24MPa 降低到 18MPa ~ 19MPa,很好地满足了总体要求。

5.4　包覆性能及测试

如前文所述,包覆性能对装药工作可靠性,对保证装药按设计燃烧面的变化规律燃烧至关重要。这里所涉及的包覆性能多与产品的使用性能相关。对包覆层的质量检验与测试,一般采用试件并按检验标准或规范进行。对包覆层各项性能的测试方法也多属于研究和分析性能的范畴。为确定包覆材料和成形工艺的实用性,也采用发动机地面静止点火试验测试包覆性能的方法,进行配合试验和测试。

5.4.1　包覆的阻燃性能

装药设计的重要任务是要使装药燃烧时,其燃烧面随燃层厚度的变化规律要与压强随燃烧时间的变化规律相一致,且符合推力方案要求。在内孔燃烧的装药中,两端及外侧面包覆的可靠阻燃,是保证装药按设计的燃面变化规律燃烧的关键。如果出现包覆层开裂、窜火、脱粘或意外损伤,高温、高压燃气就会窜入包覆内,破坏燃面燃烧的变化规律,或导致装药工作不可靠。

装药包覆的阻燃性能与包覆层的耐烧蚀、抗冲刷性能和药柱表面的粘结性能密切相关,所以,阻燃性能是表征包覆的综合性能。

测试包覆的阻燃性能主要是通过发动机静止试验来考核。装药设计时,要使装药的燃面变化符合推力方案要求,即要与压强、推力随时间的变化相关;高低温试验考核时,在推进剂性能及燃烧稳定性等都已满足设计要求的前提下,所测的压强、推力曲线的变化与燃面随燃层厚的变化相符,说明包覆的阻燃性能满足装药工作要求。

5.4.2　包覆的耐烧蚀性能

　　包覆的耐烧蚀性能,是保证装药包覆可靠阻燃的重要性能。表征包覆层的耐烧蚀性能的参数常用烧蚀率,是指单位时间内烧掉的包覆层厚度占原始厚度的比值。在装药包覆设计技术要求中,要对装药包覆层烧蚀率提出性能指标要求。

　　包覆层的耐烧蚀率的测定常用两种方法。一种是用"氧—乙炔焰烧蚀试验法"。这种方法已有企业标准参照执行,试验时,按标准要求调准的火焰参数,将火焰垂直对向被烧蚀试片,按设定的时间进行烧蚀试验。根据规定组、片数的测量结果,给出所测包覆试片的烧蚀率。测试试验设备如图5-1所示。另一种是采用试验发动机进行烧蚀试验的方法。这种方法是将包覆试片固定在发动机燃烧室后端的特定位置,采用常用药柱进行发动机静止点火试验,在实际工作条件下,测定包覆层的烧蚀、冲刷率,用来对比分析不同包覆层的性能。

　　不论哪种试验方法,都可为选择包覆材料和确定包覆层厚度提供试验参考。

图5-1　烧蚀试验设备

5.4.3　包覆的抗冲刷性能

　　抗冲刷性能测试和试验,还没有较通用的试验装置和试验方法。有的借助小型液体火箭发动机喷管喷出的高速气流作气源,一般用汽油—氧气分别为燃料和氧化剂在燃烧室内燃烧,用从喷管喷出的高速燃气流冲烧包覆层试件。包覆层试件安装在喷管后特定位置的固定架上,在燃料比例调定的条件下进行试验。通过测量试件被烧损的量来评定包覆层的抗冲刷效果,这种试验测试方法,对观察和选择包覆层的抗冲刷性能比较直观。也有用固体推进剂试验发动机喷管排出的羽流作气源,作同样的试验。但这两种试验的燃气流速均为超声速流,与包覆在燃烧室内的工作条件存在较大差异,试验结果多用于不同包覆层的性能比较,或作为包覆材料选择时的参考。比较实用的,是用发动机烧蚀试验的方法,就是在固体推进剂试验发动机燃烧室内后端,设置适当的空间用于固定包覆试件,用燃烧室内流动的燃气进行烧蚀冲刷试验,采用这种试验测试方法所获得试验结果,对分析包覆层的耐烧蚀和抗冲刷综合性能更具有参考价值。

5.4.4　包覆与药柱的粘结性能

包覆与药柱表面的粘结有两种形式。一种是包覆材料自身就具有足够的粘结力,随包覆成形就可粘结在药柱表面上。如将乙基纤维素加溶剂配制成包覆剂料浆后,再加压挤到药柱表面上,固化脱模后就形成了包覆层;也有的将包覆材料溶解在溶剂中,配制成漆液后浸渍、涂刷或喷涂到药柱表面,固化后形成包覆。另一种是靠一种粘结剂,把包覆层粘接到药柱表面。如大多数橡胶类包覆层,先用包覆材料制成包覆筒,经表面处理后,用胶粘剂将包覆层与药柱粘结。

不论哪一种形式,包覆与药柱界面间的材料分子结构应与药柱相近,这样因两者间的亲和力较强,粘结性好。

表征粘结性能的主要性能参数是粘结强度,常通过剥离强度来测定(适于橡胶类包覆)。测定粘结强度的方法,一般都采用试件测定的方法,试件的制作和所用测试装置,都可按相应的企业标准进行测定。

5.4.5　包覆力学性能测试

包覆层的力学性能测定,都有相应的企业标准和通用的测试方法,可通过较系统的性能测试,获得所需的强度和延伸率等力学性能数据,可为选择、设计和分析包覆层的力学性能提供依据。

5.4.6　包覆的烟雾特性的测试

对于包覆层少烟特性的测定,与推进剂的特征信号的测试设备和方法相同,可由烟雾信号透过率测试系统测试。测试结果可用作选择包覆材料的参考,或用于评定和比较包覆层的烟雾特性等。对这种测试方法已制定了国家军用标准,对该项性能测试也较为规范。测试装置的外观如图5-2所示。

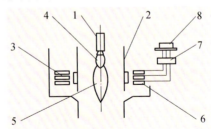

图5-2　烟雾信号透过率测试原理图

1—试验发动机；2—烟雾测试通道；3—信号发射系统；4—火焰区；
5—烟雾区；6—信号接收系统；7—选频放大器；8—信号采集处理系统。

5.4.7　包覆的抗老化性能的测试

对包覆老化性能如何测定还尚待研究,目前,普遍使用高温下人工加速老化的方法来观察老化现象,并用人工加速试验结果来预估装药和包覆的安全使用寿命。这里所说的安全使用寿命,是指在储存期间,包覆剂中的防老剂含量不低于规定值,不产生龟裂、脱粘、变粘、变软等现象。

对于在研产品的装药,也有的采用标准储存环境下的自然储存试验。

Chapter 6

Special kind propellant grain design

第 6 章　特种装药设计

■ 6.1　球形装药设计
■ 6.2　锥形装药设计
■ 6.3　环形装药设计

特种装药是指用于特殊用途发动机的固体推进剂装药。这些发动机常用于导弹和卫星姿态控制、水下推进动力、飞船返回舱着陆时的反推动力、长时间提供侧向动力以及弹射装置的瞬时动力推进系统等。

特种装药与一般固体推进剂装药相比：一是装药的结构和形状很特别；二是药柱的成形工艺较复杂，有的需要借助专用模具和工装才能成形。在装药设计方面，要求药形设计上要适用于特殊装药结构的需要；在推进剂使用和性能设计上，除要满足设计技术要求外，要追求燃烧室压强随时间的变化曲线尽量平直。

目前，常见产品使用的特种装药有球形装药、锥形装药、环形装药、分立式组合装药、不同药形分段装药、多推力组合装药等。球形装药一般用于姿态控制发动机。其推力矢量方向的变化，有的是通过发动机沿确定的方向摆动，实现导弹控制。如国外"龙式"反坦克导弹，就是通过分布在弹体上多个小型球形发动机的摆动，在提供弹道飞行动力的同时，还可按控制要求为导弹飞行提供所需的控制力。有的是通过摆动喷管改变推力矢量方向，实现为导弹或卫星变轨飞行提供所需控制力。也有的特种装药发动机，是为适应总体结构的需要，以特定的结构形状装药才能满足总体结构要求，如锥形装药、环形装药和分立式组合装药等。

现以几种常用特种装药为例，给出推进剂选择、药形参数计算、弹道性能设计与计算以及成形工艺方法等。

现列举常用的球形装药发动机、锥形装药发动机和环形装药发动机，以假设的弹道性能参数为设计参数给出设计实例，说明这种特种装药药形和性能计算的方法。

6.1 球形装药设计

6.1.1 设计参量

1. 主要弹道性能要求

（1）推力冲量：$I_o \geq 35\text{kN} \cdot \text{s}$

（2）工作时间：$t_b \geq 4.4\text{s}$

2. 结构要求

（1）球形药外径：$D_p = 300\text{mm}$

（2）装药后端留点火空间。

3. 其他要求

（1）阻燃要求:球形药外表面包覆。

（2）装药成形工艺。可选择金属材料壳体贴壁浇铸成形的装药、自由装填装药、带药纤维缠绕成形复合材料壳体的整体装药。

（3）球形药成形工艺。采用嵌入式易碎药形模具成形,用于带药缠绕装药或贴壁浇铸成形的装药,或前后球体分体胶结成整体球形装药的成形工艺,经外表面包覆后,用于自由装填装药。

6.1.2 推进剂选择

所选推进剂,应能适用于贴壁浇铸成形,或前后球体分别浇铸成形。由于药形的燃烧面随燃层厚度增加,增面比较大,选用具有负压强指数燃烧特性的推进剂,压强曲线的平直性会更好。根据设计技术要求,在满足姿态控制的时间和流量要求条件下,燃烧温度要尽量低,以减少对执行机构的冲刷和烧蚀。为此,选择燃烧温度和推进剂比冲较低的推进剂。

选择现成配方可浇铸成形的推进剂,其性能如下。

1. 能量特性

适用压强范围: 8MPa ~ 14MPa

实际比冲: 2006N · s/kg(10MPa)

推进剂密度: $1.61g/cm^3$

2. 燃烧特性

实测燃速: 12.0mm/s(10MPa)

燃速公式:见表 6 - 1

表 6 - 1　指数燃速公式 $u = aP^n$　　　　　　　单位:mm/s

温度/℃	压强范围/MPa		
	6 ~ 8	8 ~ 11	11 ~ 14
50	$u = 5.858P^{0.35}$	$u = 11.725P^{0.01}$	$u = 30.669P^{-0.39}$
20	$u = 5.591P^{0.38}$	$u = 10.950P^{0.02}$	$u = 28.406P^{-0.37}$
-40	$u = 5.112P^{0.35}$	$u = 9.446P^{0.08}$	$u = 21.102P^{-0.28}$

燃速—压强曲线,如图 6 - 1 所示。

当燃烧室压强大于10MPa 时,在温度为 - 40 ~ +50℃范围,该推进剂具有明显的麦撒效应,负压强指数可达 -0.37。

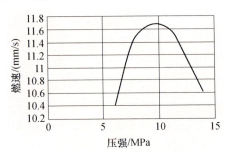

图 6-1　燃速—压强曲线

6.1.3　初步设计

如前所述,初步设计要根据相关设计技术要求,通过初步设计计算,给出选择推进剂的基本性能参数,如比冲、燃速和密度等;计算出药形设计需保证的几何参数和参量,如最大燃层厚度、平均燃烧面、所需推进剂质量;在选定燃烧室压强后,还需要计算出装药性能试验所用喷喉面积等。这部分计算结果,也为核实和调整推进剂性能,或对新选推进剂技术要求中,提供性能参数要求范围。

1. 装药药柱质量

$$W_p = k \cdot I_o / I_{SP} = 1.07 \times 35/2.001 = 18.7\text{kg}$$

因燃层厚度大,余药量也较大,取 $k = 1.07$。

2. 平均推力

$$F_{cp} = I_o / t_b = 35/4.41 = 7.94\text{kN}$$

3. 选择燃烧室压强及燃速

1) 燃烧室压强

因选现成的负压强指数推进剂,根据该推进剂的压强适用范围,确定燃烧室压强 P_C 为 12MPa。

2) 推进剂平均燃速

按实测燃速处理的燃速公式计算,

$$u = 28.406P^{-0.37} = 28.406 \times 12^{-0.37} = 1.133\text{cm/s}$$

当推力系数 C_F 取 1.4 时,喷管喉面积为 4.73cm^2。

4. 球形药的燃烧面积

按转换后的推力公式计算,

$$S_b = F_{cp}/(I_{sp}u\rho_p) = 7.94/(2.001 \times 1.133 \times 1.61 \times 10^{-3})$$
$$= 2175.3 cm^2$$

所设计的球形药的燃烧面应接近 $2175.3 cm^2$。

5. 球形药的最大燃层厚度

最大燃层厚度

$$E_1 = ut_b = 1.133 \times 4.4 = 5.0 cm$$

6.1.4 详细设计

在获得推进剂实测性能参数基础上,根据初步设计计算结果,即可进行详细设计与计算,其主要内容包括药形选择和设计、药形参数确定、通气参量计算、内弹道计算、装药性能计算等。各项计算结果要按照装药设计技术要求进行核对,随时进行修改或设计调整,使装药性能的最终计算结果满足要求。

1. 药形设计

经对药形结构分析和几种内表面燃烧的药形对比计算,确定该球形采用六槽形。药形如图 6-2 所示,药形参数如图 6-3 所示。

图 6-2 球形药剖视图

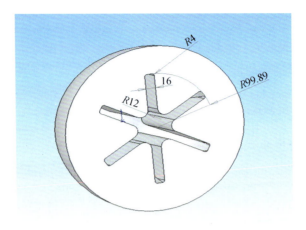

图 6-3　球形药药形参数

2. 药形参量计算结果

根据药形参数计算结果,在满足最大燃层厚度、平均燃烧面积和药柱质量等参数要求下,采用三维绘图法设计的药形参数如下:

球形药的外径:300mm

最大燃层厚度:50mm

开槽数:6

槽宽:16mm

平均燃烧面积:2227cm^2

3. 计算燃面随燃层厚度变化逐点数据

燃面随燃层厚度变化逐点数据见表 6-2。

表 6-2　燃面随燃层厚/压强随时间变化逐点数据

序号	燃层厚度 /mm	燃烧时间 /s	燃烧面积 /cm^2	燃速 /(cm/s)	压强 /MPa
1	0	0	1623.41	1.14	8.21
2	5	0.44	1801.88	1.14	9.11
3	10	0.87	1976.06	1.15	10.1
4	15	1.27	2096.76	1.18	10.8
5	20	1.72	2176.69	1.16	11.2
6	25	2.17	2250.2	1.15	11.5

（续）

序号	燃层厚度 /mm	燃烧时间 /s	燃烧面积 /cm²	燃速 /(cm/s)	压强 /MPa
7	30	2.63	2319.5	1.14	11.7
8	35	3.10	2385.99	1.13	12.0
9	40	3.57	2450.87	1.12	12.2
10	45	4.05	2649.13	1.11	12.4
11	50	4.58	2774.07	1.09	13.4
12	55	0	0	0	0

4. 燃面随燃层厚度变化曲线

燃面随燃层厚度变化曲线如图6-4所示。

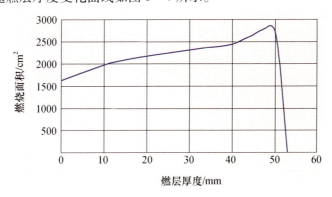

图6-4　燃面随燃层厚度变化曲线

由燃面随燃层厚度变化的逐点数据中不难看出,该球形药燃烧面的增面比较大,其比值已达到1.7倍,这就必然使燃烧室壳体厚度增加,降低了推进装置的效能,需要在选择推进剂燃烧性能时,予以弥补。本例采用高装填密度装药设计同样的措施,通过使用具有麦撒效应的推进剂,利用使用压强范围内压强指数为负值的燃烧特性,使推进剂燃烧的增压比降低。

通过装药内弹道计算(计算方法见第4.5.3节),将压强随时间变化的内弹道曲线绘制在图6-5中,由计算得,该装药燃烧的最大压强比为1.47,这要与采用压强指数为正值的推进剂装药相比,增压比有明显的降低。在球形药的设计中,难于实现像一般内孔燃烧柱形装药那样,采取车制外锥面的方法降低增压比。可见,推进剂麦撒效应在球形装药设计中的使用就更加实用。

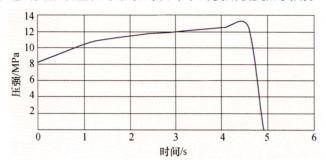

图 6-5　压强随时间变化曲线

6.1.5　球形装药性能计算

在选定推进剂和确定推进剂性能后,通过药形设计确定了药形参数,在此基础上,要对装药性能进行最后计算,看装药的弹道性能是否满足装药设计技术要求,如有偏差,还需要进行调整和修改。

1. 药形及推进剂性能参数

根据所选推进剂性能,药形设计和药形参数计算结果,装药性能计算需要确定和实测出以下数据,并作为设计参数用于最后计算和调试装药的各项性能。

(1)该球形药的平均燃烧面:2227cm²

(2)最大燃层厚:50mm

(3)球药质量:19.79kg

(4)实测比冲:2001N·s/kg

(5)按实测燃速公式计算的燃速:11.33mm/s(12MPa)

(6)按内弹道计算的平均燃速:11.42mm/s(平均压强11MPa)

(7)推进剂密度:1.61g/cm³

(8)喷喉面积:4.73cm²

2. 装药性能计算

(1)推力冲量

$$I_o = W_p I_{sp} = 19.79 \times 2.001 = 39.6 \text{kN·s}$$

(2)燃烧时间

按实测燃速公式算得的燃速计算,

$$T_{\rm b} = E_1/u = 50/11.33 = 4.41\,{\rm s}$$

按内弹道计算的平均燃速计算

$$T_{\rm b} = E_1/u = 50/11.42 = 4.38\,{\rm s}$$

（3）平均推力

按折算的推力公式计算

$$F_{\rm cp} = I_{\rm sp}uS_{\rm b}\rho_{\rm p} = 2001 \times 1.133 \times 2227 \times 1.61 \times 10^{-3}$$
$$= 8.13\,{\rm kN}$$

按工程计算公式计算

$$F_{\rm cp} = C_{\rm F} \cdot P_{\rm c} \cdot A_{\rm t} = 1.4 \times 11.07 \times 5.21 = 8.1\,{\rm kN}$$

由装药性能计算结果看，所设计的球形装药性能满足设计要求。

3. 装药总成要求

（1）球形药包覆常采用多层结构，每层模具成形的分模面要互相交错，以免各分模处薄弱处重叠。

（2）对贴壁浇铸工艺成形球形装药时，其药形芯模常采用水溶性材料制备，待球形药固化后用水溶解模芯。要求发动机燃烧室的后端内表面平整光滑，无缝隙和沟槽，以避免水溶解后的颗粒存留。

（3）对采用带药缠绕纤维复合材料壳体成形时，固化或成形工艺温度控制在60℃以下。

（4）采用自由装填结构的发动机，装药的缓冲与定位应可靠，应能保证装药工作初始阶段，外表面气流处滞止状态。

球形发动机的示意图见图6-6。

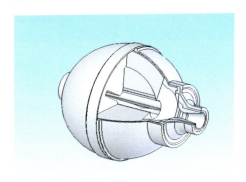

图6-6　球形装药发动机

6.2 锥形装药设计

由于推进系统总体结构需要,有的将动力推进装置设计成锥形,如用于深水鱼雷推进器,就是采用锥形推进装置完成快速推进的。某深水发射的助推器也采用锥形结构与主体结构对接。锥形固体推进剂装药用于特定结构导弹或推进器的动力推进,以较好的推进性能和适应锥形壳体的结构特性,得到了很好的应用。锥形装药发动机外貌见图 6 – 10 所示。

6.2.1 设计参量

1. 主要弹道性能

(1)推力冲量:$I_o \geqslant 100\text{kN} \cdot \text{s}$

(2)工作时间:$t_b \geqslant 3.0\text{s}$

2. 装药结构

为降低大燃层厚内孔燃烧药形产生的压强曲线后段的升压比,采用不等燃层厚的锥形装药药形,起到了很好的效果,试验结果表明,推力及压强曲线的平直性较好。该装药利用锥形装药结构和采用浇铸工艺的特点,很好地实现了大燃层厚的高装填密度装药设计。

3. 装药成形

(1)前端和侧面包覆;

(2)装药成形工艺,采用锥形药模和模芯,贴壁浇铸成形,也可成形自由装填式装药。

6.2.2 推进剂性能

1. 能量特性

适用压强范围:$10\text{MPa} \sim 22\text{MPa}$

实际比冲:$2450\text{N} \cdot \text{s/kg}(10\text{MPa})$

推进剂密度:1.69g/cm^3

2. 烧性能

燃速及燃速公式如表 6 – 3 所列。

表 6 – 3 实测燃速(+20℃)

参 数	压 强/MPa				
	10	13	15	18	22
燃速/(mm/s)	21.11	22.30	22.98	23.8	25.00
燃速公式	$u = 13.015P^{0.21}$				

6.2.3 装药设计计算结果

1. 装药性能参数

（1）装药药柱质量 W_p:41kg

（2）平均推力 F_{cp}:33.5kN

（3）推力冲量 I_o:100.45kN·s

（4）燃烧时间 t_b:3.0s

（5）燃烧室平均压强 P_{cp}:13MPa,燃速:2.23cm/s,喷喉面积:17.18cm^2

2. 装药结构参数

（1）大端药外径 D_p:400mm

（2）小端药外径 d_p:300mm

（3）药柱长度 L_p:400mm

（4）外锥半角 $\alpha_{外}$:8°

（5）内锥半角 $\alpha_{内}$:6°

（6）燃层厚 E_1:70mm

3. 装药药形参数

采用星形内孔燃烧药形,所设计的药形如图 6 – 7 所示。

星孔大端尺寸:

（1）星孔顶圆直径:250mm

（2）星边夹角:71.1°

（3）星顶圆半径:8mm

（4）星根圆半径:3mm

（5）总燃层厚度:64.58mm

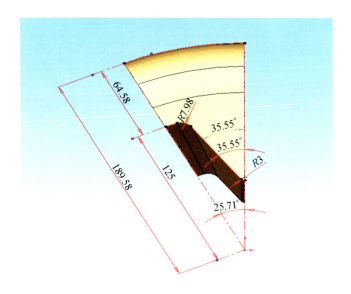

图 6 – 7　星形药形参数

（6）星角系数:0.90

（7）特征长度:117mm

4. 装药燃烧面随燃层厚变化逐点数据及曲线

（1）内弹道计算结果,各项逐点数据见表 6 – 4。

（2）燃烧面及压强变化曲线见图 6 – 8 和图 6 – 9。

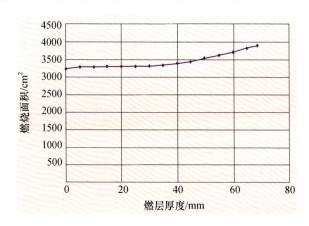

图 6 – 8　燃烧面变化曲线

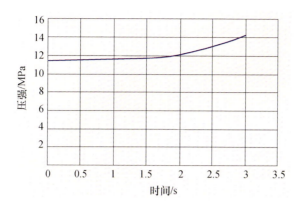

图6-9 压强随时间变化曲线

表6-4 内弹道计算逐点数据

序号	燃层厚/mm	燃烧时间/s	燃烧面/cm²	燃速/(mm/s)	压强/MPa
1	0	0	3229	21.67	11.36
2	5	0.23	3300.67	21.74	11.54
3	10	0.46	3304.33	21.74	11.54
4	15	0.69	3307.98	21.75	11.55
5	20	0.92	3311.64	21.76	11.57
6	25	1.15	3315.63	21.76	11.59
7	30	1.38	3326.73	21.78	11.63
8	35	1.60	3352.22	21.82	11.73
9	40	1.83	3394.86	21.88	11.90
10	45	2.05	3455.35	21.98	12.15
11	50	2.26	3534.65	22.11	12.48
12	55	2.47	3624.89	22.25	12.88
13	60	2.68	3722.01	22.40	13.31
14	65	2.88	3823.6	22.56	13.76
15	68.71	3.03	3901.01	22.69	14.14

平均燃烧面积为 $3460.3\,\mathrm{cm}^2$。

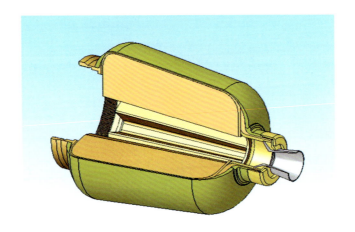

图 6 – 10　锥形装药发动机外貌

6.2.4　锥形装药设计要点和关键工艺

1. 对压强曲线尾部上翘问题的调整

适合结构需要的锥形装药,常常利用其内外锥角可调的特点,实现装药的高装填密度设计。就是采用大燃层厚度的药形,增加装药量,这对装药总长度小的大直径装药是很有效的。对于内孔燃烧药形,如星形或车轮形药形等,在星边或轮边消失后的燃烧面积增加而引起压强曲线上翘问题,就可通过调整内外锥角,使星边消失后的燃烧面相应的减小来加以调整,使燃面变化曲线平直性变好。如本例中装药的压强曲线上翘问题,就是通过这种调整方法进行相应调整而解决的。

2. 人工脱粘层关键工艺的实施

对大燃层厚贴壁浇铸装药,实施人工脱粘工艺措施,可有效防止固化装药过程中,药柱收缩所引起的装药界面处被撕裂等问题。但在实施中,要结合浇铸模芯的安装固定,做好工艺前的防护,既要保证模芯的定位准确,避免破坏模芯接触部位的非金属隔热层,又要防止浇铸药料进入人工脱粘界面和燃烧室内工装的缝隙。安装固定浇铸模芯后需进行检验和测试,这对大尺寸贴壁浇铸成形装药的工作可靠性十分重要。

6.3　环形装药设计

环形装药是根据外来导弹产品提出研仿的一种发动机装药。这种装药采用端面燃烧药形,其结构为环形。使用时是将多个发动机沿环向固定于导弹弹体的外面,为导弹姿态控制提供动力。

该发动机装药药形及涉及的计算较简单,主要是成形工艺设计及成形技术较一般发动机装药困难。

6.3.1　装药结构

环形药为端面燃烧药形,结构尺寸为:

(1) 环形圆弧直径:327mm

(2) 药柱直径:54mm

(3) 药柱环形弧中心角:120°

(4) 弧长:343.2mm

(5) 装药直径:62mm

6.3.2　装药主要性能

(1) 推力冲量:3.1 kN·s

(2) 工作时间:15s

(3) 推力沿中心轴切向

6.3.3　装药方案设计结果

(1) 平均推力:0.21kN

(2) 燃烧室压强:0.8MPa

(3) 选推进剂比冲:2350N·s/kg

(4) 推进燃速:2.28mm/s~2.33mm/s

1. 装药药形及结构

根据总体提出的结构和性能要求,采用贴壁浇铸工艺成形环形端面燃烧药柱,其结构示意图如图6-11所示。发动机结构如图6-12所示。

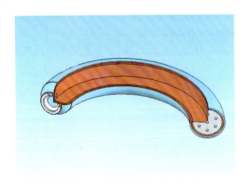
图 6 – 11　贴壁浇铸环形装药

图 6 – 12　环形装药发动机示意图

2. 成形工艺

1）壳体与装药包覆层制备

燃烧室壳体可选择焊接半封闭式结构，也可选择喷管端为大开口形式的复合材料缠绕壳体，可采用预制隔热套和包覆套后，分别用真空加压法将其贴接于壳体内表面。

2）药柱成形

药柱成形采用真空浇铸工艺成形。药柱后端面整形及扩燃孔加工采用专用工装进行。

6.3.4　环形装药的使用

这种药形装药是在特殊要求下设计和使用的，可作为环绕安装弹体外或主发动机后部的姿态控制动力，也可满足特殊结构需要作为燃气发生器使用。但由于药柱成形工艺特殊，成形工艺的局限性较大，除见国外有产品使用外，国内只是提出需求。装药设计的性能修正和工艺实施的一些成熟措施还需进一步探索。

第7章　复合材料壳体发动机装药设计

采用轻质高强纤维缠绕成形复合材料发动机壳体,是提高火箭和导弹发动机性能的有效途径之一。对无控火箭武器,飞行中所承受的横向过载很小,壳体受横向载荷较小,可弥补该材料弹性模量低,刚性较金属材料差的缺点,是一种很好的发动机壳体材料。

用这种材料制成的发动机壳体,可以实现两种装药装填方式。一种是装药与壳体内壁有间隙的自由装填方式;另一种是无间隙的带药缠绕装填方式。

自由装填装药发动机的复合材料壳体,是单独进行纤维缠绕成形的复合材料壳体,这种用纤维缠绕复合材料壳体组装的发动机已被广泛采用。带药缠绕装药发动机,是指采用纤维缠绕装药成形工艺制成的整体结构发动机。近年来,在国内外的无空火箭和导弹等武器上开始应用。这两种不同装填方式的发动机与金属材料制造的组装式发动机相比,其质量比(推进剂药柱质量与发动机总质量之比)与冲量比(发动机推力冲量与发动机总质量之比)显著提高。带药缠绕装药发动机,与同口径纤维缠绕复合材料壳体自由装填装药发动机相比,由于可实现装药与发动机燃烧室内壁间无间隙装填,发动机的质量比更高。特别对中、大型固体推进剂发动机,这种无间隙装填能增加装药质量的效果更为明显。采用轻质高强纤维带药缠绕成形的发动机,一方面,可充分发挥轻质高强材料本身所具有的优点;另一方面,由于特殊成形工艺能制成一体结构的发动机,使其结构性能又可得到进一步提高。

(1)高强纤维缠绕复合材料比强度(复合材料抗拉强度与材料密度之比)较高,与金属材料壳体相比,可以有效减小发动机的消极质量,增加发动机的质量比和冲量比。

(2)根据承受内压筒形薄壁壳体强度理论,壳体所受强度是按照径向应力与纵向应力2:1的比例分布的。纤维缠绕壳体,通过缠绕线型设计和强度设计,使壳体径向强度与纵向强度也按照2:1的比例进行分配,实现"等强度设计"。这就避免了采用均质材料壳体纵向强度过剩的问题,使每束缠绕纤维的抗拉强度得到充分发挥,能进一步减小壳体的消极质量。

(3)对大尺寸或长细比较大的无控火箭武器,采用这种轻质高强发动机壳体,与金属材料壳体相比,火箭的质心前移,稳定储备量增大。在相同飞行稳定储备量的条件下,可使火箭稳定装置的质量减小,这对于大型火箭武器来说,可有效减小火箭的结构质量。

(4)纤维缠绕成形的非金属材料,具有很好的隔热性能。一方面可以减少装药燃烧的散热损失,提高发动机的推进效能;另一方面,在使用环境温度骤然变化条件下,由于材料的隔热性能好,可避免或减少这种温度冲击对装药的不利影响。这对机载武器尤为重要。

上述优点适用于自由装填和带药缠绕两种不同装填形式的发动机,带药纤维缠绕成形的复合材料整体式发动机,还具备下述优点。

(1)对于带药缠绕工艺成形复合材料壳体,装药与壳体间无间隙,能有效增加装药质量;前后连接结构也较其他壳体金属件连接结构的质量要小。在燃烧室内,也无需设置缓冲、补偿等零部件对装药进行固定,也有效地减小发动机结构质量。特别是对较大尺寸的发动机,这种带药缠绕成形工艺,对增加装药质量,减小结构质量的效果更为明显。对于长细比较大的小直径发动机,通过合理装药设计,也可采用带药缠绕成形整体结构式发动机。

(2)纤维缠绕装药发动机的成形工艺,是先将装药、前端封头连接件、后端喷管组件、可溶性填充件等,装在金属支撑杆上,形成同轴定位的一体芯模结构,再在此芯模上进行转铺隔热层、纤维缠绕。经常温固化、脱模,即制成一体的纤维缠绕装药发动机。与金属壳体、零部件和装药组装的发动机相比,几何同轴度好。可明显减少由于几何偏心、质量偏心和燃气流偏心引起的发动机推力偏心。能减少无控火箭飞行的散布,也有利于提高导弹飞行初始段的控制精度。

这种成形工艺制造的固体推进剂发动机,给装药设计、推进剂选择、发动机结构和强度设计、工艺成形技术、装药成形质量控制等,也带来一些新问题,需要进一步探讨。阐述这些新的设计和成形技术,可供装药和发动机设计者研发高性能的固体装药发动机或其他动力装置时作参考。

7.1　带药缠绕装药

带药缠绕装药成形技术是近几年国内外应用的一项新型工艺成形技术,用于制造整体结构的固体推进剂发动机。其中,带药缠绕端面燃烧装药发动机已在型号产品上使用,带药缠绕内孔燃烧装药发动机也在研发。

带药缠绕装药是指纤维缠绕成形工艺中,以装药为缠绕模芯,或成为模芯的一部分,在装药包覆层外面转铺一层隔热层后,开始纤维缠绕。由于装药本身的弹性小、强度低,在缠绕机缠绕张力作用下,会产生弯曲变形,除长细比较小的端面燃烧药柱等可用装药直接作为缠绕模芯以外,长细比大的或是内孔燃烧装药,缠绕时都要对装药进行支撑。一般将带药缠绕装药分两种支撑形式。一种是对端面燃烧装药的支撑,常采用将药柱两端与缠绕机连接后,设计一个随动托架,

在缠绕纤维的过程中,对旋转的装药进行支撑;另一种是对内孔燃烧带侧面包覆装药的支撑,一般采用芯杆支撑的形式。对大型或复杂的内孔燃烧装药,有的要采用可拆卸的芯模进行支撑。都是为保护装药在缠绕过程中不发生破坏。

7.1.1　选择推进剂的局限性

如前文所述,带药纤维缠绕是用装药及前、后填充件,前端连接件,后端喷管组件,装药的支撑芯杆等,组成芯模后进行纤维缠绕成形。固化后,装药连同这些构件结成一体。在脱出芯杆后,要将装药前后的填充件取出,形成燃烧室内预留的自由空间,构成整体式带药缠绕装药复合材料壳体发动机。因为填充件是按燃烧室内装药前后自由空间的容腔形状制备的,比前后两端开口处的尺寸要大,一般要采用可粉碎的材料制成填充件,以便于取出且不损伤装药。如采用水溶性材料制成的填充件,遇水即碎,便于取出,能较好地满足这一要求。

上述带药缠绕的成形过程,给选用推进剂带来局限性,所选择的推进剂除了能使成形的药柱具有很好的强度外,在短时间内取出水溶性填充件时,水对推进剂的物理、化学性能没有影响。目前的使用结果表明,采用螺压成形的普通双基和改性双基推进剂装药能满足上述成形工艺要求。对复合推进剂等其他类型的装药,需选用合适的填充材料。

7.1.2　设计装药药形的局限性

因为受纤维缠绕工艺力和成形工艺温度的影响,带药缠绕装药药形适用于端面燃烧实心装药药形、燃层厚度较大的内孔燃烧药形,球形和锥形等单根装药,不适宜燃层厚度小的装药药形。目前还不能成形多根药形装药。

7.1.3　包覆层的密封结构设计

带药缠绕装药的包覆层设计,更注重装药两端端面包覆的密封结构设计。试验结果说明,侧面包覆与端面包覆层成形为一体的结构,包覆层与壳体隔热层形成互相嵌套的结构形式,有利于装药燃烧中对高压燃气的密封。

7.2　纤维缠绕复合材料壳体强度计算

就纤维缠绕成形工艺而言,带药纤维缠绕圆筒形壳体,与用其他模具成形这种纤维复合材料壳体相比,前者壳体与装药固结为一体,属于无间隙装填。因为装药的强度和安全性要求,对成形工艺的环境条件、温度控制等都有特殊的要求。而后者一般采用自由装填式装药,壳体可单独成形,无需做特殊的工艺条件限制。

所以,要进行带药缠绕复合材料壳体设计,应先了解纤维缠绕壳体的设计和成形。

通常纤维缠绕壳体,是由环向缠绕纤维、纵向缠绕纤维(沿壳体的轴向)、螺旋缠绕纤维浸渍树脂缠绕而成,或由环向缠绕纤维和螺旋缠绕纤维缠绕而成,或仅采用螺旋缠绕纤维缠绕而成。在壳体实际承载中,树脂只起固结纤维的作用,壳体承受的载荷均由纤维的抗拉强度来承担。但因树脂在壳体中占有一定的体积,使纤维在壳体中的体积比率减小,纤维缠绕复合材料强度比纤维强度要低。

纤维缠绕复合材料壳体的强度,是由纤维的断拉力和复合材料强度决定的。根据选用的缠绕纤维规格,纤维与树脂复合材料的力学和物理性能、壳体缠绕工艺参数等,对强度计算所用公式进行推导,并以计算实例说明这种复合材料壳体的设计方法。以便更好地设计纤维缠绕复合材料壳体发动机。

7.2.1　纤维的断拉力

纤维缠绕复合材料的强度主要由纤维的断拉力大小决定的。纤维的种类不同,纤维的规格、力学和物理性能不同,其断拉力也不同。

1. 纤维及纤维的规格

缠绕复合材料壳体所用的纤维种类较多,如玻璃纤维、芳纶纤维和碳纤维等。纤维的规格由纤维的股数、支数确定。支数是指1g纤维的长度。如80支纤维是指1g纤维的长度为80m,将其规格称为80支。股数是由不同支数的纤维合支而成。如8股80支纤维,是由8条80支的纤维合支而成;10股60支纤维,是由10条60支的纤维合支而成。每束纤维由不同数量的纤维股数合股而成。如由8股80支纤维合为1束,或由10股60支纤维合为1束。在纤维合股的工序中,可对每束纤维加捻,就是在纤维落成纱锭时,将纤维加扭,以增强每束纤维成载的均匀性。将纤维在每米长度内扭转的次数称为捻度。所选用的纤维又可选无捻(不加捻)纤维和具有一定捻度的纤维。若缠绕时所需的纤维更多时,还要将多束纤维合并成纱带,由缠绕机的绕丝头将每束纤维均匀排列。

2. 纤维的密度

纤维不同,密度也有差异。如玻璃纤维的密度为 $2.5g/cm^3$,碳纤维密度为

$2.7\mathrm{g/cm}^3$。

3. 每束纤维的断拉力

纤维的断拉力是表征纤维强度的力学性能参数。如 1 束 8 股 80 支 4114#玻璃纤维的断拉力为 0.55kN。

7.2.2 纤维的抗拉强度计算

纤维的抗拉强度是指纤维单位横截面积上能承受的拉伸力。根据所选纤维的规格、密度和纤维的断拉力,可计算出纤维的抗拉强度。

先推导出纤维抗拉强度计算公式。由抗拉强度定义

$$S = f/A$$
$$A = N \cdot m_\mathrm{g} / (100 \times L_\mathrm{X} \times \rho_\mathrm{x})$$

式中:S——纤维的抗拉强度;

f——每束纤维的断拉力;

A——一束纤维的横截面积;

m_g——选定支数的纤维质量,按定义,$m_\mathrm{g}=1\mathrm{g}$;

N——股数;

L_X——每克质量纤维的长度,单位为 m;

ρ_x——纤维的密度,单位为 $\mathrm{g/cm}^3$。

例:按 8 股 80 支 4114 玻璃纤维的断拉力为 0.55kN,计算纤维的抗拉强度。

$$S = f/A = 0.55/(8 \times (1 \times 10^{-3} / (100 \times 80 \times 2.5 \times 10^{-3}))) = 1375\mathrm{MPa}$$

7.2.3 纤维浸渍树脂复合材料强度

1. 树脂性能参数及纤维体积含量换算

对于纤维浸渍树脂缠绕的复合材料壳体,在强度计算中,需要根据树脂的质量含胶量和密度换算出纤维的体积含量,再根据纤维抗拉强度计算该复合材料的强度。

由纤维和树脂组成的复合材料,由于纤维和树脂在壳体壁厚中各占一定的几何体积,需将树脂的质量含量、纤维的质量含量,折算成复合材料中纤维的体积含量。由定义不难推导出纤维的体积含量公式为

$$V_\mathrm{x} = G_\mathrm{x}/((\rho_\mathrm{x}/\rho_\mathrm{s}) \cdot G_\mathrm{s} + G_\mathrm{x})$$

式中：V_x——纤维的体积含量（%）；

　　G_x——纤维的质量含量（%）；

　　G_s——树脂的质量含量；

　　ρ_s——树脂的密度。

例：如某纤维缠绕壳体，用 8 股 80 支 4114 纤维浸渍环氧树脂缠绕而成，纤维密度为 2.5g/cm³，所用环氧树脂的密度为 1.25g/cm³，树脂含量为 25%，计算纤维的体积含量。

由计算纤维的体积含量公式计算：

$$V_x = G_x / ((\rho_x/\rho_s) \cdot G_s + G_x) = 0.75/((2.5/1.25) \times 0.25 + 0.75) = 0.595$$

2. 复合材料强度

如上文所述，在复合材料中，树脂只起固结纤维的作用，强度计算时，不计树脂的强度。但因树脂在壳体厚度中占有一定的几何尺寸，在壳体壁厚中，使纤维所占比例降低，由此计算出复合材料强度，以供计算纤维缠绕复合材料壳体强度。由定义得

$$S_F = S \cdot V_x = 1375 \times 0.595 = 818\text{MPa}$$

式中：S_F——复合材料强度；

　　S——纤维的抗拉强度。

7.2.4　纤维缠绕复合材料壳体强度设计

纤维缠绕复合材料壳体强度设计的目的是根据复合材料强度计算结果、壳体所受压强及不同缠绕层缠绕纤维的线型参数，计算出各缠绕层的厚度和壳体的总厚度。

1. 基本假设

（1）纤维缠绕在整个壳体成形过程中连续进行，纤维分布是均匀的、对称的；

（2）壳体的强度全部由纤维的抗拉强度提供，胶结剂（树脂）只起粘结固定纤维的作用，每束纤维承受相同的拉应力；

（3）壳体筒身部分为薄壁的，受拉后不产生弯曲应力；

（4）壳体由环形（纤维方向与筒轴垂直）和螺旋缠绕纤维构成，强度与缠绕的顺序无关；

（5）不计内衬的强度。

2. 计算公式

对圆筒形压力容器,承受内压后,所产生的环向应力和纵向应力,按受力分析可分别推导出应力计算公式。

1)单层薄壁圆筒受力分析

(1)环向应力。

分析一个承受内压为 P 的薄壁圆筒,取一与轴线平行的截面,其环向受力如图 7-1 所示,按单位长度上作用力的平衡关系有

$$2(t \cdot 1) \cdot S_n = P \cdot 1 \cdot D$$

$$S_n = P \cdot D/(2 \cdot t) \tag{7-1}$$

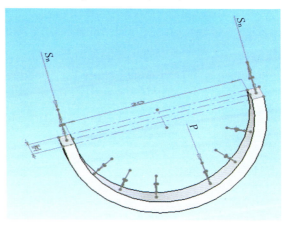

图 7-1 圆筒试件环向受力示意图

(2)纵向应力。

分析一个与薄壁圆筒轴线垂直的薄壁截面,其纵向受力如图 7-2 所示,按单位厚度上作用力的平衡关系有

$$\pi/4 \cdot D^2 \cdot P = \pi \cdot D \cdot t \cdot S_L$$

$$S_L = P \cdot \pi \cdot D^2/(4 \cdot \pi \cdot D \cdot t) = P \cdot D/(4 \cdot t) \tag{7-2}$$

式中:S_n——薄壁圆筒环向应力;

S_L——薄壁圆筒纵向(轴向)应力;

P——圆筒承受的内压;

t——薄壁圆筒环壁厚;

D——薄壁圆筒直径。

由式(7-1)、式(7-2)得,在内压作用下的薄壁圆筒,环向应力是纵向应力的2倍,即:

$$S_n = 2S_L \qquad\qquad (7-3)$$

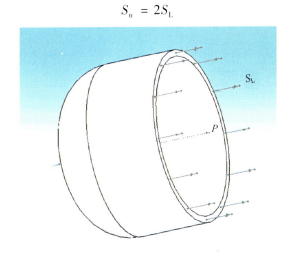

图7-2 圆筒试件纵向受力示意图

2) 多层复合材料薄壁圆筒受力分析

对于由环向和螺旋纤维缠绕的复合材料圆筒,取一长度单位为1的单元体,示意图如图7-3所示,在筒内压强为P时,根据受力关系分析,可推导出各纤维层的强度计算公式。根据假设,每束纤维所受环向(与轴向垂直)应力和轴向应

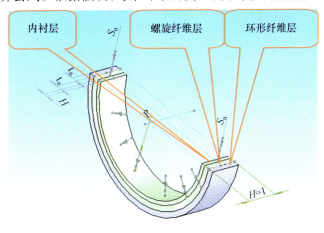

图7-3 多层复合材料薄壁圆筒试件受力示意图

力均为单向应力;在受力方向上,每束纤维所受拉应力和提供的拉伸强度都相等。即螺旋缠绕纤维所受应力,或者说所承担的强度,在螺旋方向上为同向的,可将其分解为环向分量和轴向分量,而环向分量可与环向缠绕纤维所受环向应力(承担的强度)合成为总环向应力。

按上述受力关系得到力平衡方程

$$t \cdot S_n \cdot 1 = S'_n \cdot t_n \cdot 1 + S_{\theta n} \cdot t_\theta \cdot 1 \qquad (7-4)$$

式中:S_n——壳体环向应力;

S'_n——环向缠绕纤维应力;

$S_{\theta n}$——螺旋缠绕纤维应力的环向分量;

t_n——环向缠绕纤维层厚度;

t_θ——螺旋缠绕纤维层厚度。

由式(7-4)得壳体环向应力为

$$S_n = S'_n \cdot t_n / t + S_{\theta n} \cdot t_\theta / t \qquad (7-5)$$

轴向应力只有螺旋纤维的轴向应力分量,为

$$S_L = S_{\theta L} \qquad (7-6)$$

式中:S_L——壳体轴向应力;

$S_{\theta L}$——螺旋缠绕纤维应力的轴向分量。

3)纤维缠绕圆筒总厚度计算公式

(1)螺线缠绕纤维的几何关系。

在圆筒筒身上取缠绕角为 θ 的螺线缠绕纤维,其几何及受力关系如图7-4所示,图7-5表示螺旋缠绕纤维微元体所受的力和几何参数,可从中推导出纤维缠绕壳体不同缠绕层的厚度和总厚度,以及各种厚度与所承受强度的关系。

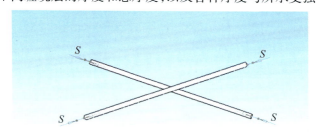

图7-4 两束螺旋缠绕纤维受力示意图

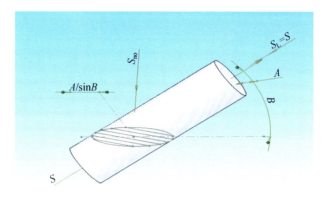

图7－5　两根缠绕角为 θ 的纤维几何关系示意图

（2）纤维缠绕薄壁圆筒总壁厚。

由图7－4和图7－5所示纤维的受力平衡关系有

由　　　　　$2A \cdot S \cdot \sin\theta = (2A / \sin\theta) \cdot S_{\theta n}$ 得

$$S_{\theta n} = S \cdot \sin^2\theta \qquad\qquad (7-7)$$

同样推导出，

$$S_{\theta L} = S \cdot \cos^2\theta \qquad\qquad (7-8)$$

式中：A——一束纤维的横截面积，其中包含树脂所占面积；

　　　S——束纤维的拉伸应力。

将两式相加得

$$S_{\theta n} + S_{\theta L} = S \cdot \sin^2\theta + S \cdot \cos^2\theta$$

$$= S \cdot (\sin^2\theta + \cos^2\theta) = S$$

即　　　　　　　　$S = S_{\theta n} + S_{\theta L} \qquad\qquad (7-9)$

将(7－7)式代入(7－4)式得

$$S_n = S'_n \cdot t_n / t + S_{\theta L} \cdot t_\theta / t$$

$$= S'_n \cdot t_n / t + (t_\theta / t) \cdot S \cdot \sin^2\theta \qquad (7-10)$$

将(7－8)式代入(7－5)式得

$$S_L = S_{\theta L} = (t_\theta / t) \cdot S \cdot \cos^2\theta \qquad\qquad (7-11)$$

将(7－10)式和(7－11)式相加得

$$S_L + S_n = S \cdot (t_\theta / t + t_n / t) = S \qquad\qquad (7-12)$$

式中：t——纤维缠绕圆筒总厚度；

t_θ——螺旋纤维缠绕厚度；

t_n——环向纤维缠绕厚度。

应该指出，一般圆筒壳体因两端都留有缠绕极孔，只能缠绕螺旋纤维和环向纤维两种线型，只有缠绕极孔直径很小时，缠绕角很小，缠绕纤维接近与壳体轴线平行，可按纵向承载计算，一般都按小缠绕角螺旋缠绕线型计算，所以，只用环向缠绕和螺旋缠绕的线型受力关系推导的应力和厚度计算公式即可进行强度计算。

将式(7－3)代入式(7－12)得

$$S = S_L + S_n = S_L + 2S_L = 3S_L \qquad (7-13)$$

由 $S_n = 2S_L = 2PD/(4t)$ 和 $S = 3S_L$ 得纤维缠绕圆筒总厚度为

$$t = (3PD)/4S \qquad (7-14)$$

式中：P——纤维缠绕圆筒内压强；

D——薄壁圆筒直径。

由此计算的缠绕壳体的壁厚，可用于设计环形缠绕和螺旋缠绕层的厚度。

（3）不同纤维缠绕层厚度。当无纵向缠绕时，壳体总壁厚为

$$t = t_\theta + t_n$$

由式(7－10)和式(7－11)得

$$S \cdot t_n + S \cdot \sin^2\theta \cdot t_\theta = 2 \cdot S \cdot \cos^\theta$$

因

$$\sin^2\theta = 1 - \cos^2\theta$$

则

$$t_\theta = t/(3\cos^2\theta) \qquad (7-15)$$

由此式可算出螺旋缠绕层的厚度。

显然

$$t_n = t - t_\theta$$

（4）计算实例。某带药缠绕装药外径为120mm，最大压强20MPa，设计压强40MPa，采用4114玻璃纤维缠绕在装药外，连同前封头和喷管组件，组成带药缠绕装药整体式发动机。纤维缠绕线型，缠绕角为34°41′，仅有环形缠绕和螺旋缠绕。复合材料强度为818MPa。计算该复合材料壳体的总厚度和螺旋缠绕层厚度。

用总厚度公式(7－14)和螺旋缠绕层厚度公式(7－15)分别进行计算。

总厚度

$$t = (3PD)/4S = ((3/4) \times 40 \times 12)/818 = 0.44 \text{cm}$$

螺旋缠绕层厚度

$$t_\theta = t/(3\cos^2\theta) = 0.44/(3 \times \cos^2 34°41') = 0.22 \text{cm}$$

环向缠绕层厚度

$$t_n = 0.44 - 0.22 = 0.22 \text{cm}$$

7.2.5　纤维缠绕复合材料壳体强度校核

当确定了实际纤维缠绕的线性参数以后,还要进行壳体强度校核计算,以最后确定缠绕工艺方案。这些缠绕线型参数包括环形缠绕层数、螺线缠绕循环数、纱带宽度、所用纱带数及每条纱带的纤维束数等。

1. 计算缠绕层数

假设筒体仅由环向缠绕层和螺旋缠绕层组成,计算环向缠绕层数的公式为

$$K = (3\cos^2\theta - 1) \cdot P/(2N_1 mf\cos\theta)$$

计算螺旋缠绕循环数的公式为

$$J = (\pi R^2) \cdot P/(Mf\cos\theta)$$

式中:M, N_1, m——都是缠绕工艺参数;

M——每个循环(J)螺旋缠绕中,都有两层互相交叉的缠绕层,M 是指这两层的总纱带数;

N_1——环向缠绕层中每条纱带的纤维束数;

N_2——螺旋缠绕中每条纱带的纤维束数;

m——环向缠绕层纱带密度;

K——环向缠绕总层数;

J——纵向缠绕总循环数;

D_θ——螺线缠绕层所占圆筒部位的直径,式中,$R = D_\theta/2$;f 为每束纤维的断拉力。

2. 壳体强度校核公式

当按所确定的缠绕工艺方案缠绕后,要对纤维缠绕壳体能承受的压强进行最后校核计算,借助纤维缠绕高压容器的计算方法,可按下列公式进行计算。

环向承载能力校核公式

$$P_n = (1/R) \cdot (\sum K \cdot m \times N_1 \cdot f +$$
$$\sum J \cdot M \cdot f \cdot (\sin^2\theta/(2\pi \cdot R \cdot \cos\theta)))$$

轴向承载能力校核公式

$$P_L = (2/R) \cdot (\sum J \cdot M \cdot f \cdot (\cos\theta/(2\pi \cdot R)))$$

所计算的各承载压强,应大于复合材料壳体的最大设计压强。

7.2.6 纤维缠绕封头设计

纤维缠绕封头是指进行螺旋纤维缠绕时,在缠绕芯模两端或一端,设计一个能使纤维缠绕稳定的形面。对于带药缠绕装药,需将纤维缠绕的前端金属连接件和后端组合喷管,按缠绕线型和前后端结构要求,设计成既适合纤维缠绕,又能满足结构要求,其外表面带封头曲面的结构件与支撑杆、可粉碎的填补件一起,组成带药缠绕装药芯模。

封头设计主要内容包括封头形面设计、封头形面与连接件结构协调、计算封头处的纤维厚度。在缠绕过程中,由于缠绕纤维是连续的,从芯模筒身部分延续到封头上,并在封头结构件的极孔处绕缠返回,所以,封头形面设计要能满足缠绕中的纤维在筒身与封头交界处过渡圆滑,在封头表面上位置稳定、不打滑,以充分发挥每束纤维的抗拉强度。

1. 封头的理论曲面

设计和计算封头的理论曲面,要根据筒身直径、缠绕角、封头极孔直径,并使设计的封头曲面满足纤维受缠绕工艺所需的张力后,纤维在封头和筒身表面上缠绕时不产生滑移,在交界处过渡圆滑。固化后的螺旋缠绕纤维壳体,受力后不产生弯矩等条件。

要使在封头处的纤维不产生滑移,必须使缠绕纤维落在封头表面的"测地线"上。"测地线"是指纤维落在封头表面两点间距离最短的空间曲线,也称"短程线"。

按上述理论和几何条件,可以推导出这一理论曲线。显然,封头曲面上只能进行纵向和螺旋纤维缠绕,则有

$$R_t/R_L = 2 - ((\cos\theta/\cos\theta_e) \cdot \sin^2\theta_e)/((t_L/t_\theta) + \cos\theta \cdot \cos\theta_e)$$

若只有螺旋缠绕纤维,则上式为

$$R_t/R_L = 2 - \tan^2(\theta_e)$$

曲线上"短程线"是一条自然曲线,其曲线方程为

$$r \cdot \sin\theta_e = 定值$$

因为缠绕纤维是从筒身部分连续地延伸到封头表面上,可根据这一连续条件确定出上式中的"定值",即为

$$r \cdot \sin\theta_e = D/2 \cdot \sin\theta$$

式中:r——封头曲面上平行圆半径;

R_t——r 处的主曲率半径;

R_L——r 处的第二曲率半径;

t_L——圆筒段纵向缠绕层厚度;

t_θ——圆筒段螺旋缠绕层厚度;

θ——圆筒段螺旋缠绕角;

θ_e——封头曲面上 r 处纤维与子午线的夹角;

D——圆筒筒身直径。

2. 封头曲面上缠绕纤维的厚度

封头曲面上缠绕纤维的厚度由螺旋缠绕纤维厚度和纵向缠绕层厚度组成,即

$$t_e = t_{\theta e} + t_{Le}$$

由缠绕工艺决定,缠绕在筒身部分的纤维条数与绕缠到封头部分的纤维条数是相同的,其含胶量也相同。若筒身直径为 D,每条纱带宽度为 B,每层纵向缠绕厚度为 t_L,缠满一层的条数为 n,可分别计算纵向缠绕层厚度和螺旋缠绕层厚度。

1)封头上纵向缠绕层厚度

由上述规则得,筒身部分纱带宽度为

$$B = \pi \cdot D/n$$

在筒身部分可占的体积为

$$V_L = t_L B = t_L(\pi \cdot D/n)$$

缠绕在封头上时,其体积为

$$V_{Le} = \pi(2r/n) \cdot t_{Le}$$

因缠绕纤维的条数和含胶量都相等,则有

$$t_L(\pi \cdot D/n) = \pi(2r/n) \cdot t_{Le}$$

$$t_{Le} = t_L \cdot (D/2r) \tag{7-16}$$

式中：t_{Le}——封头上纵向纤维层厚度；

　　　r——当地平行圆半径，各平行圆所在平面与圆筒轴线垂直。

2）封头上螺旋缠绕层厚度

仍按纤维条数与含胶量相同的条件推导螺旋缠绕层厚度。

由上述规则得，筒身部分缠绕一层螺旋纤维的条数为

$$n = \pi \cdot D / (B / \cos\theta)$$

同样封头部分为

$$n = \pi \cdot (2r) / (B / \cos\theta)$$

同样按体积不变的原则，可推导出封头上螺旋缠绕层厚度为

$$t_{\theta_e} = (t_\theta \cdot (D / (2r))) \cdot \cos\theta / \cos\theta_e$$

封头上缠绕纤维总厚度为

$$t_e = t_{\theta_e} + t_{Le} = (t_\theta \cdot (D / (2r))) \cdot \cos\theta / \cos\theta_e + t_L \cdot (D/2r) \quad (7-17)$$

应该指出，封头的设计计算较为繁琐，无论设计符合缠绕规律的封头曲面，还是按筒身缠绕线型计算封头部分纤维层厚度，都需要通过确定多种缠绕工艺参数来计算，而这些工艺参数还需要纤维缠绕工艺实践加以修正才能完成。加上所设计的封头形面与发动机壳体结构出现结构不协调时，还可能对封头形面进行修改，所以，对于中小直径的纤维缠绕壳体，一般采用根据结构协调确定的极孔直径和缠绕角的大小设计一弧形曲面近似作为封头曲面，有时对保证连接结构的性能更为有利。只有对超过 300mm 以上的大直径纤维缠绕壳体，需按上述设计计算公式进行设计与计算，以充分发挥缠绕纤维的抗拉强度。

7.3　纤维缠绕壳体发动机结构

7.3.1　带药缠绕装药结构

无论是内孔燃烧装药，还是端面燃烧装药、锥形内孔燃烧装药，或是球形装药，都可以采用带药纤维缠绕工艺，成形出装药与纤维缠绕复合材料壳体为整体结构的装药发动机，只要使装药与发动机前后连接结构适应纤维缠绕工艺特定结构的需要，包括前连接件设计有挂线结构，或设计有纤维缠绕前封头曲面结构；后连接件设计有纤维缠绕封头曲面结构，并与喷管组件结构相兼容；对燃烧室内的自由容腔，采用可粉碎的填充件加以填充等。将这些特别设计的构件，连同缠绕支撑芯杆一起，装配成带药进行纤维缠绕的芯模，就可与一般纤维缠绕复

合材料发动机壳体一样,成形出壳体与装药无间隙的装填形式。

1. 纤维缠绕装药发动机整体结构

作为实例,设计一种带药缠绕发动机,其结构见图7-6。

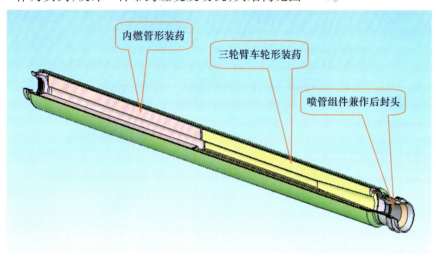

图7-6　两截装药带药缠绕复合材料壳体发动机

该发动机结构和装药尺寸是按中等直径发动机设计的,主要用来说明带药纤维缠绕成形的一种新技术,指出这种装药发动机的结构特征、设计要点和成形工艺特点等。

该实例发动机装药为两截不同药形的内孔燃烧装药,由于装药量较大,装填密度较高,装药的长细比也较大。装药结构见图7-7。

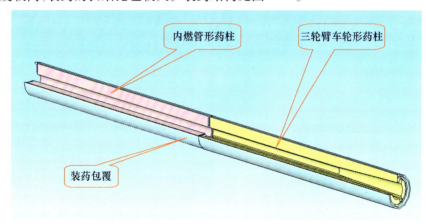

图7-7　两截装药及药形

其他内孔燃烧药形的装药,实施带药缠绕装药的方法相近,只要合理设计装药结构、前后端隔热密封结构、前后端连接结构、自由空间填充结构等,都可采用带药纤维缠绕成形。

采用这种装药形式可实现无间隙装填,能有效增加发动机的装药量;采用轻质高强纤维进行带药缠绕,能提高发动机的质量比和冲量比,有效地改善固体推进剂发动机的性能。

2. 前封头连接与密封结构

该结构如图7-8所示。图中前密封环可采用丁晴橡胶等材料,根据结构要求,在硫化前模压成形。缠绕前将装药、前密封环和前封头定位装配在支撑芯杆上,再将壳体隔热衬层紧包在外面,随缠绕壳体的固化,前密封环、壳体隔热衬层也被硫化成一体,与前端封头、装药包覆形成互相嵌套的隔热密封结构。

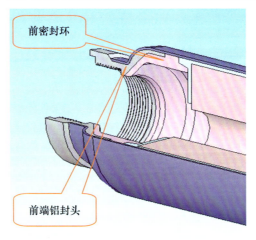

图7-8　前端隔热密封结构

3. 缠绕前的装药

图7-9所示缠绕前的装药,表示发动机内部结构和各零部件的相互位置。按此结构在缠绕支撑芯杆上组装各件,包括未硫化的前后端隔热密封环、装药、前后填充件、前封头、后段喷管组件等。组装后,在该组件外表面上,转铺隔热衬层,构成纤维缠绕前的芯模。

4. 缠绕前装药与缠绕芯模的装配结构

装药与缠绕芯模的装配结构如图7-10所示。

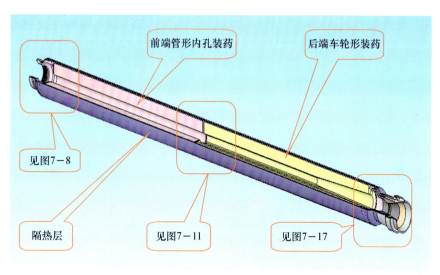

图 7 – 9　缠绕前交付的装填及装药结构

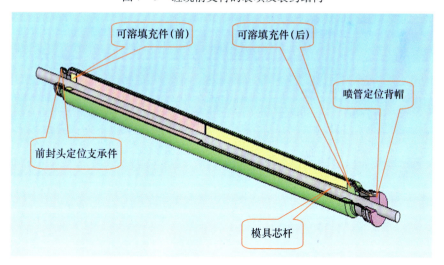

图 7 – 10　装药与缠绕芯模的装配结构

5. 装药中间结构

装药的中间结构是由装药结构设计确定的。通过端面包覆层的对接胶合，将两截装药固结成一体，用壳体衬层紧包在外面，形成对两截药柱的端面和侧面阻燃，还起密封和隔热的作用，见图 7 – 11。

设计两截装药是根据装药设计需要确定的，常用于改善装药燃烧和燃气流动的稳定性。对等截面单根内孔燃烧装药,无需设计中间结构。

6. 装药后端隔热密封结构

根据装药燃烧产物中含固体颗粒的多少,燃气流动状况,燃烧时间长短等条件,可将装药后端隔热密封结构设计成不同的结构形式。

1)对内孔燃烧装药

如图 7-12 所示,喷管与缠绕壳体间的隔热密封结构是针对内孔燃烧带药缠绕装药设计的。采用与壳体隔热衬层相同的材料,在硫化前,按照所设计的隔热密封结构,用模具成形出后端整体隔热密封环,将其与喷管组件插接装配后,定位装在模芯上,再与壳体隔热衬层胶合,也在壳体固化过程中进行硫化,形成这种包住喷管,对壳体进行隔热和密封的结构。试验结果证明,该结构强度满足要求,工作可靠。

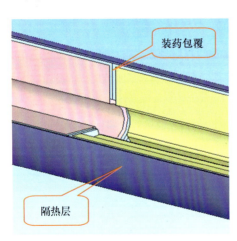

图 7-11　装药中间结构

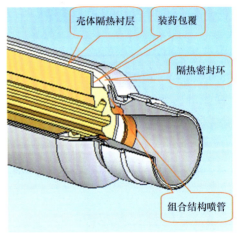

图 7-12　装药后端的隔热密封结构

2)装药后端与喷管嵌套结构

图 7-13 中喷管与缠绕壳体间的隔热密封结构,也是针对内孔燃烧带药缠绕装药设计的。装药的后端结构是将装药、后密封环、喷管组件和壳体隔热层,在支撑芯杆上进行定位组装。后密封环在硫化前用磨具压制成形,在支撑芯杆上与装药和喷管组件互相嵌套装配并压紧,再对各表面粗糙化处理后,将壳体隔热衬层紧包在外层,形成纤维缠绕前的芯模。固化后形成装药后端一体的隔热密封结构。

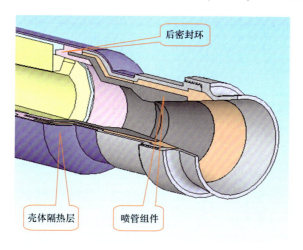

图 7 – 13　喷管与缠绕壳体间的隔热密封结构

7.3.2　自由装填装药结构

1. 挂线柱连接件

挂线柱连接的金属连接件如图 7 – 14 所示。该结构件可以做带药缠绕壳体的前端连接,也可用作自由装填装药壳体的前后端连接。挂线柱呈螺旋位置分布,螺旋升角和挂线柱数,按纤维缠绕线型确定。成形后的结构如图 7 – 15 和图 7 – 16 所示。该结构可实现壳体一端或两端为大开口结构,适用于大直径装药的装填,侧面包覆内孔燃烧装药和内孔燃烧的装药,都可实现自由装填。

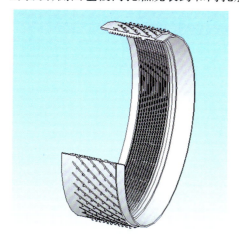

图 7 – 14　挂线柱连接件

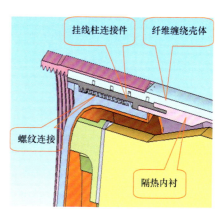

图 7 – 15　挂线柱连接局部结构

2. 挂线柱连接的前端结构

采用这种挂线柱连接的结构,已在产品发动机上应用,发动机地面静止的初步试验结果表明,其连接结构强度满足设计要求。

3. 喷管隔热密封结构

图7－17中喷管与缠绕壳体连接的隔热密封结构,是针对内外表面同时燃烧的自由装填式装药设计的,通过隔热密封环与壳体隔热衬层形成的密封结构,对药柱后端面处的高压燃气进行密封。隔热密封环采用未硫化的耐烧蚀橡胶片经模压成形,与缠绕模芯定位装入,再经表面打磨后,将同材料壳体隔热衬层,采用转铺工艺与隔热密封环胶合,在壳体固化过程中,密封环与壳体隔热层同时硫化,形成将喷管的前端包在其中的密封结构。应用证明,这种防烧穿的密封隔热结构,能满足内外表面同时燃烧装药燃气流动的密封和隔热要求。

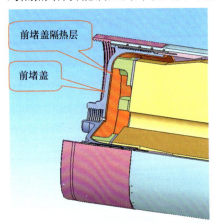

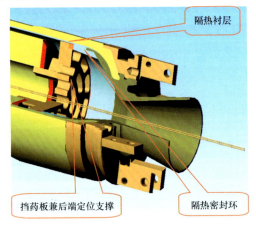

图7－16　挂线柱连接发动机前端结构　　图7－17　内外表面同时燃烧装药后端结构

该结构已在定型产品上应用,经各种试验考核,其结构强度和与喷管连接可靠性均很好地满足了设计要求。

Chapter 8

The charge of manufacturing and acceptance

第8章 装药的制造与验收

　　产品研制进入正样机阶段后,对装药的各种性能已经进行了较全面的考核;装药所用推进剂的配方、药柱成形工艺,以及所用各种原材料均已趋于稳定;在装药成形过程中和研制试验中,要解决的技术问题以及在各种质量检验、试验中所暴露的问题也比较充分,并得到了很好的解决。装药的成形工艺和制备条件已趋于成熟,编制装药制造与验收规范的条件已经具备,应及时着手编制,以便在后续的研制和生产过程中加以补充、修改和完善。随着装药设计定型试验的进行,应适时完成装药制造与验收定性文件的编制与试行。这也是装药研制工作的重要内容之一。

8.1　装药制造验收规范

8.1.1　装药规范编写依据

　　编写规范要按国家军用标准和总体部门提出的编写要求进行。在这些文件中,对规范的编写格式、标题及内容都有较明确的规定,这是规范编写普遍要参照的。但对不同的产品或零部件,标题及内容是可以剪裁的,要根据产品特点、生产工艺过程及质量控制要点等进行编写,以使装药规范成为产品制造和验收的依据。

　　装药制造与验收规范是由装药生产单位组织编写,编写的依据是发动机设计部门提出的装药技术要求,在编写的过程中,设计和生产单位要充分协调,根据研制实践,对包括弹道性能、结构性能、安全性能及环境适应性等各项参数要求进行最后确认,在满足总体要求的前提下,可进行必要的修正,有的还要经过试验和测试进行验证。修正后的性能参数要经过总体部门确认,并应办理相关审批手续。将最后确认的指标参数作为规范中的指标参数。

　　装药产品与机械产品不同,使用了大量化工原材料,产品成形的过程中,通过各种化学反应和物理变化来保证产品的性能;对成品和半成品的质量检验,常常需要通过物料分析或借助各种分析仪器的测试才能有效完成。所以,编写的规范要能使推进剂制备、药柱成形与装药制造有效联系起来,形成较完整的性能检验程序,包括生产工艺、原材料的质量控制和性能检验等。由于推进剂药柱热涨系数比金属结构材料大得多,温差引起药柱形状和尺寸变化大,因此,对装药结构尺寸检验环境温度要求,较机械产品要严格。

　　装药生产批量大时,还要经过推进剂组分或中间物料性能的测试、推进剂小批量试验药柱的弹道性能试验等,合格后再进行批量生产。装药规范的编写要充分考虑到这些特点。

8.1.2　装药规范编写要求

1. 指标参数要量化

装药产品研制的核心内容是要达到装药技术要求中的各项指标,这些指标参数都应通过各种测量、试验和检测,在规定的测量精度范围内,获得技术指标参数实测值或范围;对于在装药质量检测中,不能直接测量的关重尺寸或关重参数,要有专项试验方法进行试验和测量,确定出转化后相关的指标参数值。

2. 各项参数要具有可检性

除了可直接测量的结构尺寸、弹道性能、力学性能以及推进剂各项性能参数以外,对一些技术要求中规定的间接性能参数,如包覆层的粘接强度、检验药柱内部缺陷的无损检验参数范围等,也应具有可检性;确定的检验参数合格范围要能真实反映实际质量状况,并应是有效的。

3. 缺陷分析和定位要准确

根据装药使用特点、各推进剂组分的作用、研制试验中曾出现的问题和采取的技术措施,正确进行各种缺陷的性质和危险性分析,确定出致命缺陷、重要缺陷和轻微缺陷。

4. 质量一致性检验无漏检

质量一致性检验是表征装药产品质量的最全面的保障性检验,也是产品交验中最直接的检验,对所有可能影响装药产品图纸要求和装药技术要求的缺陷,产生一致性偏离的缺陷都应列为检验项目。

5. 功能特性分析和关重尺寸、形位定位要准确

根据装药的结构特点、使用特性和装药类型,合理确定组成装药各部分的功能和作用,并在编写规程中,通过重点控制推进剂关键组分(件)、重要组分、关键工序和重要工序的质量,达到有效控制装药制造与验收质量的目的,这对保证交付合格装药产品十分重要。对此,要对装药研制过程所遇到和解决的各种技术问题加以总结,进行装药产品的功能特性分析,并将关键和重要零组件、形位和尺寸,列为规范中重点检验的零部件和尺寸。

8.1.3 装药规范编写内容

装药规范的编写至少应包括以下内容,并给出相应的要求。

1. 材料

原材料和外构件必须符合产品图样规定的标准要求,并有合格证。对原材料一般不得代用,如需代用时,应做必要的试验,征得订购方同意,并按有关规定办理审批手续。

所用材料应是经入厂复验合格的材料。对用于成形装药的各种材料和胶粘材料等,使用前由检验部门检验是否在有效使用期内。

2. 主要零(部)件

主要零(部)件是指由功能特性分析所确定的关重件。对外协材料或组分,包括粘结剂、催化剂、氧化剂、金属添加剂等应分别按有关的规定进行复验。

3. 表面状况

(1)装药和药柱表面按设计图纸要求进行检验;

(2)装药各表面应完整无损,无丙酮一类溶剂的接触痕迹。

4. 工艺

应根据工艺规程成形药柱,对关键工序和重要工序,除自检外,检验人员要根据这些工序的质量控制参数进行检验。

5. 尺寸与公差

产品的尺寸和公差应符合产品图样的要求。需用专用工装或电子测量设备进行检验的,应附有通过检定的检测方法。

6. 装配

1)装配场所

(1)装药总成,需在火工装配场所进行,其环境温度和湿度等应符合火工装配工房要求;

(2)药柱整形、成形包覆等,应按相应的装药成形工艺规程进行。

2)装配特性要求

应根据不同类型的装药,提出相应的装药装配特性要求。

7．性能

1）外观

（1）分立件外观要求；

（2）整机外观要求。

2）弹道性能

装药弹道性能指标参数,常以表格形式对各弹道性能参数给出参数范围要求,如表 8 - 1 列出某装药产品的弹道性能参数要求,因装药设计技术要求的弹道性能参数不同,其参数要求的表格形式也不同。要根据具体要求制定。

表 8 - 1　某型号发动机装药弹道性能指标参数（ - 40℃ ~ + 50℃ ）

性能参数	单位	符号	增 速 级	续 航 级
平 均 推 力	kN	F_z,F_x	~	~
时　　间	s	T_b	~	~
总推力冲量	kN · s	I_{Fo}	≥	
总工作时间	s	T_o	≥	

3）力学性能

装药力学性能参数要求,应将根据设计技术要求并经协调修改后的力学性能参数编制在装药规范中。包括药柱和包覆的强度、延伸率及其他力学性能等。

8．安全性

要按相应的装药安全规定,给出装药安全性要求。如药柱的冲击感度、摩擦感度、燃点温度等。

9．环境适应性

装药应能适应下列环境试验条件要求。

（1）震动试验条件要求；

（2）冲击试验条件要求；

（3）高温储存试验条件要求；

（4）低温储存试验条件要求；

（5）温度循环试验条件要求；

（6）高温工作试验条件要求；

（7）低温工作试验条件要求；

（8）常温工作试验条件要求。

各项试验条件要求,根据装药设计技术要求确定。

10. 质量

给出装药总质量范围要求。

11. 标志

标志应清晰,其内容、尺寸和位置应符合产品图要求。

12. 包装

（1）装药产品的储运,应采用木箱包装,并规定其固定缓冲要求;

（2）若发动机空体各零部件均为导弹总装厂生产时,应允许使用转运箱在厂内作临时性转运装药产品。

13. 成套性

装药应按产品图要求成套交付,包括各项检验文件和质量合格证明文件等。

8.1.4 质量保证规定

装药产品质量保证规定的编写,主要内容应由使用方（订购方）首先提出,经与供货方协调后确定,内容应包括验收规则,质量责任及检验方法等。

1. 验收规则

检验验收依据包括:

（1）订货合同或订购方与承制方商定的协议;

（2）经定型机构批准的产品图样和本规范;

（3）订购方与承制方共同选定的国家标准、国家军用标准及行业标准;

（4）订购方代表与承制单位双方的上级主管部门的共同规定。

2. 质量责任

（1）承制方控制产品的质量责任。

① 按国家有关标准和"军工产品质量管理条例"的要求开展质量管理工作,健全质量保证体系,制定质量保证文件,并有效贯彻执行;

② 完成本规范规定的所有项目的检验,并接受订购方和上级有关部门对产品质量的监督及对产品任一检验项目的检验;

③ 按合同或有关协议向订购方提供检验所需场地、设施、仪器、仪表及技术

资料等技术保障,并保证检验、试验设备具有所需准确度和精密度;

④ 保证产品的检验、验收记录完整齐全,并具有可追溯性;

⑤ 对出厂产品的质量最终负责。

(2)订购方的检验责任。

① 按国家有关标准、法规的规定,对承制方的质量保证工作进行监督检查;

② 对承制方提交的产品,按本规范的规定进行检验;

③ 办理产品接收或拒收手续,并对合格产品签署合格证明文件。

(3)承制方的合格责任。

① 产品必须符合本规范的所有要求和合同的特定要求,不允许向订购方提交不合格的产品;

② 在质量保证期内,产品存在属承制方的质量问题,承制方应负责修复;不能修复的, 承制方应负责更换成合格品,不能修复或不能按订购方要求期限修复,又无法更换合格品的,承制方应收回产品并退还货款。

8.1.5 检验方法及检验划分

根据装药各项性能检验和试验应尽量采用现成的通用的方法。在规范中,所拟定的检验分类、检验的环境条件等内容,要符合规范编写要求。通常,将产品检验分为鉴定检验、质量一致性检验和包装检验。

1. 鉴定检验

1)鉴定检验时机

属于下列情况之一者,应对装药产品进行鉴定检验:

(1)装药生产定型;

(2)装药转厂生产;

(3)装药的结构、主要材料、配方和主要生产工艺改变,可能影响装药性能;

(4)装药停产后 2 年以上恢复生产;

(5)合同另有规定。

2)鉴定检验项目

根据不同装药类型和使用要求,以表格形式列出装药产品的检验项目,包括鉴定检验和质量一致性检验。现以某装药产品为例,给出检验项目表,见表8－2。

表 8-2 某装药产品鉴定检验及质量一致性检验项目表

序号	项目（名称）	要求（章、条）	方法（章、条）	鉴定检验	质量一致性检验			
					A	B	C	D
1	外 观			√	√			
2	弹道性能			√				√
3	抗拉强度①			√				√
4	延伸率②			√	√			
5	摩擦感度			√				√
6	冲击感度			√		√		
7	冲击试验			√		√		
8	高温储存			√				
9	低温储存			√				
10	温度循环			√				
11	高温工作			√				√
12	低温工作			√				√
13	常温工作			√				√
14	重 量			√	√			
15	标 志			√	√			
16	包 装			√	√			
17	成套性			√	√			

注：①抗拉强度为高温抗拉强度（+50℃）；

②延伸率为低温延伸率（-40℃）；

√表示要进行的检验项目

3）鉴定检验程序

检验程序包括产品提交，不合格品数计算，缺陷分类鉴定检验和鉴定检验流程图等内容。其中装药产品缺陷分类是要重点编写的，各项内容也适用于质量一致性检验。要根据装药产品缺陷的危害程度进行划分。

现以某产品发动机单室双推力装药为例，列出该装药的缺陷分类表。其各项内容作为判定检验结果的依据，也以表格的形式列在表 8-3 中。

表 8 - 3　某装药产品缺陷分类

致命缺陷		严重缺陷		轻微缺陷(不合格品数)		
编号	缺陷	编号	缺陷	编号	缺陷	加权数
1	工作过程中装药爆炸	101	质量超差 > a g	201	质量超差 ≤ a g;或可见金属表面有锈蚀或标志不清;或成套性不满足要求	
		102	装药原因曲线异常	202	药柱棱边局部掉块 1 处,体积 ≤ b mm³	
		103	包覆层鼓包,面积 > b mm²;或隔热层表面裂缝	203	包覆层鼓包,面积 ≤ b mm²	
		104	组合药柱表面有裂纹或包复脱粘	204	冲击试验后,包覆脱粘面积 ≤ b mm²	
		105	增速级平均推力下限值 < c kN,或(和)续航级上限值 > c kN	205	增速平均推力下限 ≥ c kN, < c kN;或续航级平均推力 > c kN, ≤ c kN	
		106	两级平均推力满足要求,两级时间都长或一级时间长 d% 以上	206	两级平均推力满足要求,两级时间都长或一级时间长 d% 以内	

2. 质量一致性检验

质量一致性检验是对生产装药产品的批次检验。规范要明确编写有关产品提交、组批方式、抽样方案、质量一致性检验流程图、合格判据、不合格品数计算、不合格品处置、复验和拒收规定等内容。这些内容的编写也要依据规范编写要求进行。一般,除检验的时机不同外,上述编写的内容是一致的或是相近的。

3. 包装检验

按图样和包装要求编写。

8.1.6　交货准备

交货准备主要是对储存方式,储存条件及搬运及运输等事项作出规定。

8.1.7 规范的试行

一般,正样机鉴定批和定性批生产阶段,是装药制造与验收规范的试行阶段,经生产试行和修改,证明是可执行的。经军方签署后,即为正式可执行文件,并随各种设计技术文件一起,作为设计定型技术文件上报待批。

8.2 装药检验与验收试验

装药的检验验收一般分为装药设计定型检验验收和装药质量一致性检验验收。前者是在装药设计定型前进行,是对装药进行全面的检验与验收,要按装药制造与验收规范中规定的项目进行,如表8-2中所列;后者则在装药生产阶段批量生产后交付时进行。所形成的技术文件和检验验收各种试验结果,都是总体部门和使用方作为设计定型和接受装药产品的依据性文件。这些文件主要包括装药设计定型鉴定试验大纲和试验报告、装药质量一致性(装药交付)试验大纲和试验报告等。

8.2.1 装药鉴定试验大纲

装药鉴定试验大纲是进行装药设计定型的试验依据,要根据发动机制造与验收规范和发动机鉴定试验大纲的要求进行编制,主要是针对装药需满足的弹道性能、结构性能、力学性能、使用性能、环境适应性和安全性等方面的要求,制定试验内容、确定试验项目和检验与试验方法,给出相应性能指标的合格参数范围,选定有关试验标准等。经装药设计定型鉴定试验的测试,应能为装药能否全面满足发动机设计技术要求提供试验依据。

1. 鉴定大纲的主要内容

在概述中要给出大纲编制的依据、具备装药设计定型鉴定试验的条件、需进行鉴定试验的项目等,需要时,提出试验时间、地点,试验组织和参加单位的建议。

2. 鉴定试验指标参数范围

1)弹道性能指标

装药的弹道性能指标,应与装药制造与验收规范中的指标参数要求相一致,给出工作温度范围内的合格参数范围,如表8-1所列。

2）结构性能参数

根据装药产品图和装药制与造验收规范中给出的关键、重要零部件质量、尺寸和形位要求等，以表格的形式列出其公差值。按规范中规定的量具、检验仪器仪表的精度要求，选择仪器设备，并在备注栏中列出。

3）力学性能参数

按有关标准或规范中确认的试验方法，进行检测，检验参数要包括装药力学性能参数要求，若有特定要求时，如对装药药柱与包覆界面、不同推进剂组合装药药柱界面的粘结强度进行检验时，要按规定的检验验收方法检验。

4）温度试验参数

包括给出工作温度范围、温度冲击或温度循环试验恒温时间，升温、降温速度，取样时间，延误时间范围等，要有明确的规定。

5）环境适应性

给出运输、震动、冲击环境试验条件，为使装药的缓冲、固定与包装等尽量与发动机相一致，可以随同发动机环境适用性试验一起进行。

6）安全性能

应按装药技术要求中安全性指标参数，对定型批装药进行系统的安全性检测。

对于上述试验方法与测试结果，应得到鉴定试验测试小组的认可。

3. 弹道性能数据处理的规定

不同类型的装药，对弹道性能数据的处理方法可能有所不同，应根据装药技术要求和有关军用标准，进行数据处理。

1）推进剂主要性能

对设计定型鉴定批装药用推进剂，在进行三个连续批推进剂药柱成形期间，要对所用推进剂的主要性能进行试验与测试，包括标准发动机试验测试，测出比冲、燃速、压强指数、压强温度系数、推进剂药柱密度等，为定型批装药性能分析提供试验依据。

2）主要弹道性能的差异

装药弹道性能参数的处理方法应与装药制造与验收规范中规定的参数相一致。

弹道性能曲线主要指装药工作压强曲线和推力曲线，根据鉴定试验实测结果,对装药工作的稳定性提供试验分析依据。不同装药类型,弹道曲线的形状也不同,各自反映不同的装药燃烧规律,其主要弹道性能存在明显的差异。如单根或多根内孔燃烧装药试验曲线,因装药燃烧面随燃层厚度变化呈由低到高的增面特性,推力和压强曲线也符合这种变化趋势。多推力组合装药试验曲线,因装药燃烧面随燃层厚度变化呈阶梯形状,其推力和压强曲线也呈阶梯状,并生成不同推力量值的弹道曲线和各级不同弹道性能。推力和压强随时间的变化,要符合装药燃烧面积随燃层厚度变化的规律。否则为不正常曲线。在装药鉴定试验大纲或鉴定试验报告中,应给出相应试验曲线的各特征点定义和数据处理要求。对于单级推力装药的试验曲线,都在相应的试验标准中有明确的规定,试验曲线特征点定义及数据处理方法,应符合国家军用标准要求。

4. 鉴定试验条件的确定

除了定型鉴定试验样机以外,试验所用的设备和仪器、仪表等,都应是经过检定并在合格使用期内的。

1)装药的随机抽验方法

一般按装药制造与验收规范的规定执行,在装药设计定型生产批(生产交付批)中进行抽样,样本量由使用部门确定。一般由军代表组织抽样,将随机抽样结果以表格的形式列出,包括装药批号和相关装药质量、结构尺寸、无损检验结果等。

2)装药鉴定用发动机空体的检验

用于装药鉴定试验的发动机空体,应具有合格证。对于中小口径装药,采用产品发动机零部件装配的发动机空体,应按装配工艺规程进行。对于需要测试燃烧室工作压强,而产品发动机空体件中无法进行压强测试的,也可采用更换相关零部件,或在相关零件上加开测压孔,或采用厚壁试验发动机进行试验测试。

3)试验测试条件的确认

鉴定试验与测试条件,要符合装药制造验收规范中有关要求,在规范还未批准执行时,应由军代表与鉴定试验小组共同确认。

8.2.2 装药鉴定试验报告

装药鉴定试验报告的编写,主要是根据鉴定试验大纲的规定和要求,将鉴定试验结果进行总结和报告。其编写项目内容要与鉴定试验大纲相吻合。除包括试验组织、时间、地点以外,要对鉴定试验大纲中规定的试验条件、被试试验件随机抽样结果、结构尺寸检验结果、装药发动机试验测试结果及现象、环境适应性试验结果等进行汇总,给出各项结果及分析意见。

　　在编写的鉴定试验报告中,应根据发动机设计技术要求、装药技术要求及总体提出的环境试验大纲等技术文件,对装药弹道性能测试与试验数据的处理、温度试验的保温数据、环境适应性试验及数据的处理,给出详细的表述。如对推力和压强随时间变化逐点数据采集结果的处理方法;升温,恒温过程曲线;震动,冲击试验频谱曲线等,要进行详细说明,给出准确的试验结果。为鉴定评审提供准确有效的试验依据。

1.　弹道试验逐点数据的处理方法

1）单级推力装药推力及压强曲线

　　单级推力装药的内弹道曲线,即压强随时间变化曲线、推力曲线都较为简单,根据国家军用标准规定,按计算机逐点采集数据,对点火延迟时间、起始压强和推力、起始时间、终燃压强和推力、终燃时间、燃烧时间和工作时间等各特征点定义,进行计算机程序判读,并输出计算与处理结果,这些应与装药研制中装药性能试验的数据处理方法相一致。

2）单级变推力和多推力组合装药压强曲线

　　单级变推力常指内孔燃烧装药试验曲线等,如单根或多根外侧面包覆药柱,其内弹道曲线和推力曲线的形状是逐渐爬升的。

　　多推力组合装药是由组合药柱和外侧面包覆组成。包覆的作用是保证被包覆表面的可靠阻燃,使装药按预定的燃烧规律燃烧。组合药柱由不同药形和具有不同燃烧性能的推进剂组成:高燃速推进剂与大燃烧面的药形相组合,构成大推力药柱;低燃速推进剂与端面燃烧的小燃面相组合,构成续航级小推力药柱。多推力组合装药在单一的燃烧室内燃烧,能产生不同推力,就是通过设计这种不同组合药柱结构和选用不同燃速推进剂来实现的。

　　多推力组合装药和单级变推力装药与单级不变推力装药的试验曲线的差异较大,试验曲线的处理也有不同,应根据曲线变化采用合适的数据处理方法。

　　(1)单级变推力装药试验曲线:单级变推力装药,常用作固定的发射动力装置装药。由于发射需要,有的将装药设计成单根内孔或多根内孔燃烧装药,压强和推力曲线为由低到高爬升的,其压强曲线如图8-1所示。

　　(2)单室双推力装药试验曲线:单室双推力组合装药由发射(增速)级内孔侧面燃烧药柱、实心端面燃烧续航级药柱及侧面包覆组成,内表面和后端面不包

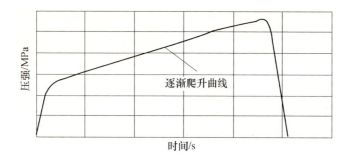

图 8 - 1　单级变推力装药压强曲线

覆。按不同燃面和不同燃速燃烧,在燃烧过程中生成两级推力。其试验曲线如图 8 - 2 所示。

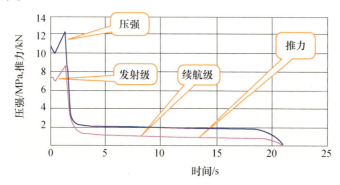

图 8 - 2　单室双推力装药试验曲线

　　(3) 单室三推力装药试验曲线:单室三推力组合装药由发射、增速级内孔侧面燃烧药柱、实心端面燃烧续航级药柱及侧面包覆组成,内表面和后端面不包覆。按不同燃面和不同燃速燃烧,在燃烧过程中生成三级推力。试验曲线如图 8 - 3 所示。

　　(4) 单室四推力装药试验曲线:单室四推力组合装药由发射、增速级内孔侧面燃烧药柱、实心端面燃烧续航级药柱及加速级侧面燃烧药柱组成,前端弧形端面和外侧面包覆,内表面和后端面不包覆。按不同燃面和不同燃速燃烧,在燃烧过程中生成四级推力。试验曲线如图 8 - 4 所示。

　　(5) 单级变推力试验曲线特征点定义:单级变推力装药,常由单根或多根外侧面包覆的内孔燃烧药柱组成。这种装药的燃烧面随燃层厚度增加而增大,压强和推力曲线呈增面燃烧特性。生成的随燃烧时间逐渐增加的推力冲量,可为

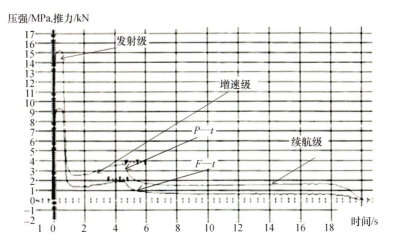

图8-3 单室三推力装药试验曲线

水下固定的发射装置提供发射动力。试验曲线各特征点定义如图8-5所示。

按平均推力或压强的百分数来确定起始推力或压强,终燃推力或压强的处理方法,适用于对单级装药推力和压强变化较小的试验曲线进行处理,对上述单级变推力装药和各种多推力组合装药的试验曲线,推力和压强随时间的变化较大,有的多推力装药的续航级、推力和压强值都较小,采用"百分数法"来处理数据,会引起较大的误差。常采用"切线法",即在采集逐点数据生成的曲线上,利用数据处理软件,在曲线的拐点处作切线,采集两切线的角分线与试验曲线的相交点,将这一交点作为试

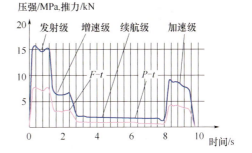

图8-4 单室四推力装药试验曲线

验曲线的各特征点。经计算软件判读,给出系统的处理结果。除上述单级变推力试验曲线外,再以四推力组合装药压强曲线为例,给出各级特征点的定义。对于推力曲线的各特征点都与压强曲线一一对应。各特征点定义如图8-6所示,也常用符号的形式表示曲线上的各特征点的定义,如图8-7所示。

确切定义试验曲线上的特征点,是为对计算机采集的试验数据进行处理,除可输出试验曲线的逐点数据用于试验分析和总体计算以外,也要输出各特征点

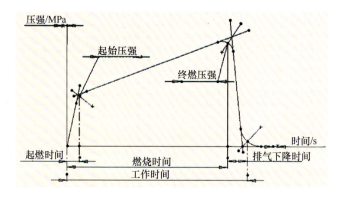

图 8 – 5　单级变推力装药试验曲线

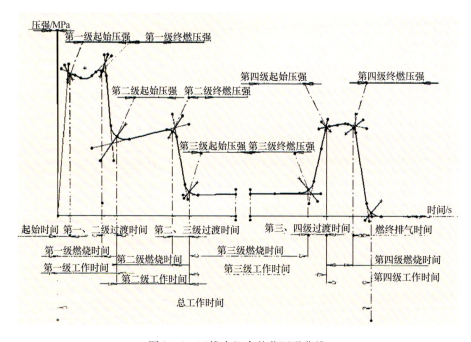

图 8 – 6　四推力组合装药压强曲线

数据,以更方便判别和分析装药性能是否符合设计要求,以及分析装药工作的稳定性。虽然对试验曲线特征点可以有不同的定义,但都不影响装药的实际推进效能,只要依据设计技术要求确定统一的数据处理方法,都可以达到正确检验和验收装药产品的目的。

图中:

p——压强(纵坐标);t——时间(横坐标);

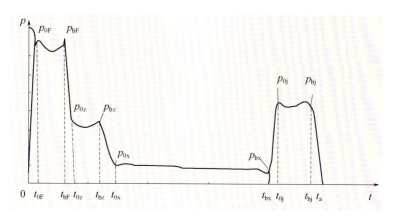

图 8 - 7 四推力组合装药压强曲线特征点符号

p_{0F}——第一级起始压强；　　　　t_{0F}——第一级始燃时间；

p_{bF}——第一级燃终压强；　　　　t_{bF}——第一级燃终时间；

p_{0z}——第二级起始压强；　　　　t_{0z}——第二级始燃时间；

p_{bz}——第二级燃终压强；　　　　t_{bz}——第二级燃终时间；

p_{0x}——第三级起始压强；　　　　t_{0x}——第三级起始时间；

p_{bx}——第三级燃终压强；　　　　t_{bx}——第三级燃终时间；

p_{0j}——第四级起始压强；　　　　t_{0j}——第四级起始时间；

p_{bj}——第四级燃终压强；　　　　t_{bj}——第四级燃终时间；

t_a——总工作时间；

t_{bF}——t_{0z} 为第一、二级过渡时间；

t_{bz}——t_{0x} 为第二、三级过渡时间；

t_{bx}——t_{0j} 为第三、四级过渡时间；

t_{bj}——t_a 为压强曲线下降时间，也称燃终排气时间。

上述 0—t_{0F} 为始燃时间，在这段时间内，装药燃烧面从局部点燃达到全面积燃烧，压强也达到发动机起始压强值。这段时间常被称为压强曲线爬升时间。由于装药各级药形不同，燃烧产生的余药量也不同，各级压强爬升、下降和过渡时间也不同。

另外，第三级常为端燃实心装药燃烧的续航级，燃烧室压强较低，处理压强和时间参数时，采用"角分线"法（也称切线法）处理。这要比按指定压强的"百分数"方法处理，更能满足单室多推力压强曲线处理精度的要求。

2．环境试验数据

主要包括试验设备型号、震动与冲击能谱数据、记录曲线频谱调试的数据等。输入到试验设备控制系统中的数据,要按照装药鉴定试验大纲中规定的试验数据装入,由震动冲击设备按给定的数据进行震动和冲击试验。

8.2.3 装药质量一致性检验

装药质量一致性检验文件,主要包括装药质量一致性检验试验大纲和试验报告。如无特别要求,在装药质量一致检验内容中,一般不再进行温度循环试验和温度冲击试验,也不再进行运输试验、震动试验和冲击试验。装药检验试验大纲和检验试验报告的编写,比鉴定试验大纲和试验报告的编写要简单,但编写格式、检验和试验条件确定,检验数据处理规定等,都与鉴定试验大纲的要求相同。

8.3 推进剂性能的检验

8.3.1 批生产前推进剂性能检验

1．生产前检验的重要性

在装药定型前连续批生产中,以及在定型后的批生产中,对所用推进剂制备进行有效的质量控制和系统的性能检验,是掌握装药生产的技术状态、交付合格装药产品的重要技术措施。推进剂的性能是否满足要求直接影响装药的性能。装药研制实践表明,装药批生产阶段或交付部队使用后,因推进剂性能超差,或工艺条件变化,或原材料换批等原因,造成推进剂性能超差,影响了装药产品的交验和使用,出现这种装药故障的事例常有发生。所以,在生产装药前,对原材料、工艺规程以及对所制备的推进剂进行系统的性能检验是十分重要的。

2．检验的性能参数

除对推进剂常规性能的检验外,应重点对以下弹道性能和物理性能进行检验。

1）推进剂能量特性

（1）推进剂比冲:对正常生产的推进剂药柱,其比冲实测值应在规定的范围内,因试验测试条的不同,所测的数值范围可能与装药实测结果有所不同,一般采用修正的方法,对合格数值范围的相关性进行修正,就可判定用于装药生产的推进剂能量参数范围是否合格。

（2）推进剂特征速度：也是表征推进剂能量的参数，可用标准发动机所测压强逐点数据处理的压强冲量、试验药柱质量及喷管喉面积经计算获得。

（3）推进剂的定压暴热：是推进剂必测的能量参数，测试按有关标准进行。也可用实测的爆热数值范围，经相关性分析，确定出所用推进剂的合格参数范围。与上述各能量特性参数一起，对生产批推进剂的能量特性参数是否合格作综合分析。

2）推进剂的燃烧特性

（1）燃速仪实测燃速：按标准要求，在适用压强范围内，测试定点压强下的燃速。检验其数值范围是否合格。

（2）标准发动机实测燃速：按试验标准要求，在与燃速仪相同的各压强下，采用标准试验发动机，测试推进剂的动态燃速，检验其数值范围是否合格。

判定是否合格的数据，也要采用与装药实测数据合格范围进行相关性修正的结果进行分析和判断。

（3）推进剂压强指数：由燃速仪实测定点压强下燃速值，计算压强指数。

由标准发动机实测定点压强下燃速值，计算压强指数。通过相关性修正，确定能满足装药性能要求的压强指数测试方法。

（4）推进剂压强温度系数：由标准发动机高、低温所测平均压强数据，计算压强温度系数。

3）推进剂的物理性能

推进剂密度：

对较大尺寸螺压实心药柱，常采取对中心部位和燃层厚度中间部位等不同部位以及浇铸药柱边缘和切药后的两端分别进行取样，按标准测试，检验其密度值是否满足要求。

4）推进剂力学性能

对力学性能要求较严格的推进剂药柱，如承受高过载的装药药柱、装药药形燃层厚度小的装药药柱等，对其力学性能，特别是低温强度和延伸率等力学性能，应在生产前，进行专项检测。

应该指出，上述各项性能检测，目的是为确保生产批量装药的质量。但因试验测试条件的差异，与装药鉴定检验的实测数据范围存在差异。但这些差异都是系统因素造成的，有很稳定的相关性，经系统的性能试验后，都可采用数据修正的方法，获得相应的修正系数。这些不同方法检测的数据，就可作为考核、分

析和判断推进剂合格与否的依据性数据。

3. 常用的检验方法

推进剂性能检验的方法,都在军用标准或企业标准中有明确的规定。如推进剂比冲、推进剂燃速、推进剂特征速度等性能参数,常通过标准发动机、燃速仪、弹道摆等试验系统测试,其试验参数处理方法,需要根据不同的装药类型和参数要求确定。

对于推进剂的物理性能、力学性能的检验与测试,都需按企业标准的规定进行。

8.3.2 推进剂性能一致性和技术保障措施

装药研制进入正样机研制阶段后,推进剂的配方已经冻结,并经过成形工艺放大试验,完成至少三个连续批的定型生产,装药各项性能已趋于稳定,已具备装药设计定型和批量生产的条件。装药研制实践表明,如何确保装药的综合性能达到批次间装药性能的一致性要求,需要有力的技术保障措施,不断更新工艺设备、完善工序检验手段,以较先进的工艺设备代替或减少人工操作,才能使装药各项性能稳定、装药工作安全可靠,确保装药由研制阶段过渡到装药生产阶段后,保持较好的延续性,是实现交付合格装药产品的根本保证。

关键工序的工艺改进和工艺设备保障,是保证装药性能一致性的重要技术措施。现以下述工序为例说明其重要性。

1. 溶剂压伸推进剂的晾晒工序

发射动力型装药,常采用溶剂压伸推进剂装药,经驱溶和凉晒装药药柱的工序,使其满足规定的水分含量和溶剂挥发技术指标要求,是这种推进剂装药成形的关键工序之一。采用自动晾晒装置,实现恒温下自动操作代替手工操作,避免人工定时翻滚带来的药柱椭圆变形、表面压痕等弊病,能很好满足指标要求,保证工艺过程的安全。

2. 溶剂压伸推进剂的驱溶工序

对于溶剂压伸推进剂药柱,要使药柱内部的溶剂挥发到规定值以下,并满足内挥指标要求,也是保证这种推进剂药柱性能稳定,工作可靠的关键工序。

采用设备驱溶的方法,代替自然存放让溶剂挥发的工艺保障措施,可达到使药柱性能稳定的效果。

3. 改性双基推进剂的洗球工序

这种推进剂药柱的成形,需将一些组分制成球粒,称为制球工序。在与熔剂一起混合前,通过自动控制洗球设备进行机械搅拌洗球,使球形药在恒温和高速搅拌中得到充分洗涤,对保证推进剂药柱性能一致性,提高推进剂燃速和降低压强指数,都可起到较好的工艺效果。也能克服人工操作带来的各种弊端。

4. 复合推进剂药柱成形中的混合工序

在复合改性或改性复合推进剂中,都含有硝铵炸药的成分,无论是三组元或四组元推进剂,在成形推进剂药柱中,其中的硝铵炸药成分在熟化和离心驱水过程中,与粘合剂组分易发生分层结块现象,因物料混合的不均匀而影响推进剂性能的一致性。

采用机械混合设备,对块状物料进行破碎和分散,能有效提高物料混合的均匀度。与人工混合相比,又可大大减小劳动量。

5. 螺压推进剂药柱成形的压延工序

在压延工序中,经压延进行驱水后再进入压伸工序,在进入压伸机前,对物料温度、水分含量等终点性能的判断非常重要,如果压延工序的工艺参数不能满足要求,会导致压伸出的药柱颜色和尺寸变化明显、药柱表面粗糙,质量不能得到保证。

采用在线温、湿度自动远程监测控制系统,可实现对压伸工序前的物料按设定的工艺参数进行监测,及时调整压延工序的工艺参数,既可保证含有高固含量的硝胺成分物料在压延工序的安全性,也能有效提高压伸后药柱的质量。

6. 装药包覆成形工序

装药包覆层的可靠阻燃是装药按预定燃烧规律燃烧的保证。通过无损检验,探明包覆层与药柱界面有无分层、鼓泡及出现零粘结强度等缺陷,检出有这些缺陷的包覆,是该工序重要的检验项目。

采用移位散斑测试技术,利用激光散斑干涉原理,以高精度的分辨力,对包覆层界面进行细微探测。通过对人为合适载荷作用下的移位特征,进行拍摄、记录、判断,可排除包覆与药柱界面存在缺陷的装药,从而保证装药包覆的可靠阻燃。

附　录

1. 星形药形计算子程序

```
Private Sub Command1_Click()
Static slx(50) ap(50) As Single
Dim t, e, E1, tb As Single
  List1.Clear
  List2.Clear
  List3.Clear
  List4.Clear
  List5.Clear
  List6.Clear
  List7.Clear
  pi = 3.1416
  E1 = xxyx.Dp/2-xxyx.r-xxyx.L
  tb = E1/xxyx.U
  eex = xxyx.L * Sin(xxyx.ee * 3.14/xxyx.nn)/Sqr(1-(Sin(xxyx.Q * 3.14/360)^
  2))
For j = 0 To tb Step 0.01
  t = j
  List1.AddItem(t)
  e = xxyx.U * j
  a1 = Sin(xxyx.ee * 3.14/xxyx.nn)
  a2 = Sin(xxyx.Q * pi/360)
  a3 = (1-xxyx.ee) * pi/xxyx.nn
  a4 = (pi/2) + (pi/xxyx.nn)-(xxyx.Q * pi/360)-(1/Ten(xxyx.Q * pi/360))
 If 0 < = e And e < = xxyx.r Then    '燃层厚小于星根圆半径
  a5 = (e + xxyx.r)/xxyx.L
  a6 = (Sin(xxyx.ee * 3.14/xxyx.nn))/((e + xxyx.r)/xxyx.L)
```

```
cosn = Sqr(1-a1^2)
slx(j) = 2 * xxyx.nn * xxyx.L * ((a1/a2) + a3 + (a5 * a4) -((xxyx.r-e) * pi /
(xxyx.L * xxyx.nn)))
slx(j) = slx(j) * Lx
a8 = (Sqr(1-a1^2)) -a1 * (1/Tan(xxyx.Q/2))
a9 = xxyx.Q * pi /360 +1/Tan(xxyx.Q/2) -pi /2
qp(j) = xxyx.L^2 * xxyx.nn * (a3 + (a1 * a8)) + 28xxyx.nn * xxyx.L * 2 * a5 *
((a1/a2) + a3) + xxyx.nn * xxyx.L^2 * a5 * a4 + xxyx.nn * xxyx.L^2 * a5^2 * a9
List2.AddItem(slx(j))
List7.AddItem(ap(j))
End If
If xxyx.r < = e And e < = eex Then    '燃层厚大于等于星根圆半径并小于等于星边消失
处的燃层厚
a5 = (e^2 + xxyx.r^2)/xxyx.L
a6 = (Sin(xxyx.ee * 3.14 /xxyx.nn)) /((e + xxyx.r) /xxyx.L)
slx(j) = 2 * xxyx.nn * xxyx.L * ((a1/a2)^2 + a3^2 + (a5 * a4)^2)
slx(j) = slx(j) * Lx
a8 = (Sqr(1-a1^2))^2 -a1^2 * (1/Tan(xxyx.Q/2)^2)
a9 = xxyx.Q * pi /360 +1/Tan(xxyx.Q * pi /360) -pi /2
ap(j) = xxyx.L^2 * xxyx.nn * (a3^2 + (a1 * a8)^2) + 2 * xxyx.nn * xxyx.L^2 * a5
 * ((a1/a2))^2 + a3^2) + xxyx.nn * xxyx.L^2 * a5^2 * a4
List1.AddItem(t)
List2.AddItem(slx(j))
List7.AddItem(ap(j))
End If
If eex < = e And e < = E1 Then    '燃层厚大于等于星边消失处的燃层厚并小于等于最大
燃层厚
a5 = (e^2 + xxyx.r^2)/xxyx.L
a6 = (Sin(xxyx.ee * 3.14 /xxyx.nn)) /((e + xxyx.r) /xxyx.L)
a7 = Atn(a6 /(Sqr(a6 * a6 +1)))
slx(j) = 2 * xxyx.nn * xxyx.L * (a3^2 + a5 * ((pi /xxyx.nn)^2 + a7^2))
slx(j) = slx(j) * Lx
a8 = (Sqr(1-a1^2))^2 -a1^2 * (1/Tan(xxyx.Q/2)^2)
a9 = xxyx.Q * pi /360 +1/Tan(xxyx.Q * pi /360) * pi /2
ap(j) = xxyx.L^2 * xxyx.nn * (a3^2 + (a1 * a8)^2) + 2 * xxyx.nn * xxyx.L * 2 *
```

```
a5 * ((a1/a2)^1 + a3 * 1) + xxyx.nn * xxyx.L^2 * a5^2 * a4 + xxyx.L^2 * (pi * a5/

xxyx.nn * a5 + a6 * a7 + Sqr(1-a6^2))

    List1.AddItem(t)

    List2.AddItem(slx(j))

    List7.AddItem(ap(j))

End If

  Next j

End Sub
```

2. 车轮药形计算子程序

```
Private Sub Command1_Click()

Static ches(80),Apc(50) As Single

Dim t,e,Eb,b,eex,Tb As Single

    list1.Clear

    list2.Clear

    list3.Clear

    list4.Clear

    list5.Clear

    list6.Clear

    pi = 3.1416

    Eb = (che.Dp/2)-che.r-che.Lb

    Tb = che.Eb/che.u

    eex = che.Lb * Sin(che.Eb * pi/che.nb)-che.r

    For i = 0 To Tb Step 0.01

    t = i

    list1.AddItem t

    e = che.u * t

    yyb = ( +che.r)/che.Lb

    yyx = (eex +che.r)/che.Lb

    b1 = Sin(che.Eb * pi/che.nb)

    b2 = Sin(che.qc * pi * 360)

    b3 = (1-che.Eb) * pi/che.nb

    B4 = che.Hb/che.Lb

    b5 = (pi/2) + (pi/che.nb)-(Tan(che.qc * pi/720))-(1 * Cos(che.qc * pi/

    360))
```

```
If yyb < = yyx Then
   If e < che.r1 And e < che.r2 Then
   b6 = ( che.r2 -e ) /che.Lb
   b7 = ( che.r1 -e ) /che.Lb
   b8 = Tan( che.qc * pi /720 )
   ches( i ) = 2 * che.nb * che.Lb * ( ( b1 /b2 ) + b3 + B4 + ( yyb * b5 ) ) -2 * che.nb *
   che.Lb * ( 2 * b6 * b8 )
   ches( i ) = ches( i ) * che.Lp
   list2 .AddItem ches( i )
End If
If 3 > che.r2 Then
   b6 = ( che.r2 -e ) /che.Lb
   b7 = ( che.r1 -e ) /che.Lb
   b8 = Tan( che.qc * pi /720 )
   ches( i ) = 2 * che.nb /che.Lb * ( ( b1 /b2 ) + b3 + B4 + ( yyb * b5 ) ) -2 * che.nb *
   che.Lb * ( b7 * b8 )
   ches( i ) = ches( i ) * che.Lp
   list2 .AddItem ches( i )
   End If
   If e > che.r1 And e > che.r2 Then
     b6 = ( che.r2 -e ) /che.Lb
     b7 = ( che.r1 -e ) /che.Lb
     b8 = Tan( che.qc * pi /720 )
   ches( i ) = 2 * che.nb * che.Lb * ( b1 /b2 ) + b3 + b4 + ( yyb * b5 )
   ches( i ) = ches( i ) * che.Lp
   list2 .AddItem ches( i )
   End If
End If
If yyb > yyx Then
ch = b1 /yyb
Cb = Atn( ch /Sqr( ch * ch + 1 ) )
ches( i ) = 2 * che.nb * che.Lb * ( b3 + yyb * ( pi /ch.nb + ch ) )
ches( i ) = ches( i ) * che.Lp
list2 .AddItem ches( i )
End If
```

```
End If
 End If
 If yyb > yyx Then
 ch = b1 /yyb
 Cd/Atn(ch/Sqr(ch * ch +1))
  ches(i) = 2 * che.nb * che.Lb(b3 + yyb * (pi/che.nb + ch))
  ches(i) = ches(i) * che.Lp
  list2.AddItem ches(i)
  End If
 Next i
End Sub
```

3. 管槽药形计算子程序

```
Private Sub Conn and_Click0    '计算断面开槽药形参数
Static sddt(50) As Single
Die t,tb,gk As Single
 List1.Clear
 List2.Clear
 List3.Chear
 pi = 3.14159
 tb = geyx.ek /scyx.u
 For i = 0 To tb Step 0.01
 t = i
 List1.AddIten(t)
 e = t * gcyx.n
 Rp = gcyx.Dp /2
 rk = gcyx.dk /2
 h = gcyx.Hk /2
 e1 = (rk * Sin(pi/gcyx.n) -h)/(1-Sin(pi/gcyx.n))
 e2 = rk * Sin(pi/gcyx.n) -h
 e3 = Rp-rk
 gk = (pi/gcyx.n-Sin(h + e)/(rk + a))) * 2
 If 0 < = e And e < = e1 Then    '燃层厚小于环槽槽边消失时的燃层厚
 sge(i) = 2 * pi * (e + rk) * (gcyx.Lp-gcyx.Lk) +2 * gcyx.n * (Rp ^2-(h + e) ^2))
 ^(-2)-(2 * gcyx.n * Sin(pi/gcyx.n + gk/2) +4 * gk * (e + rk)) * gcx.Lk
```

```
    List2.AddItem(sgc(i))
    End If
    If e1 < = e And e < = e2 Then  '燃层厚小于相邻槽间平台消失时的燃层厚
    sgc(i) = 2 * pi * (e + rk) * (gcyx.Lp-gcyx.Lk) + (2 * geyx.n * (Rp^2 -(h + e)^
    2))^(-2) * gcyx.n * (a + h)) * gcyx.Lk
List2.AddIten(sgc(i))
End If
If a2 < = e And e < = a3 Then  '燃层厚小于各环槽中间平台和边缘平台消失时的燃层厚
sgc(i) = 2 * pi * (e * rk) * (gcyx.Lp * gcyx.Lk)
List2.AddIten(sgc(i))
End If
Next i
End Sub
```

4. 锁形药形计算子程序

```
Private Sub Command1_Click()  '计算断面开槽药形参数
Static sx(50) As Single
Dim t,eb,R,rr,rr1,Al As Single
    List1.Clear
    List2.Clear
    eb = sxyx.R-sxyx.rr
    pi = 3.14159
    Tb = eb/2 * sxyx.U
    For i = 0 To Tb Step 0.01
    t = i
    List1.AddItem(t)
    e = t * sxyx.U
    A1 = 2 * pi * 4.8^(sxyx.R + sxyx.rr + sxyx.rr1)
    A2 = pi * (sxyx.R1 + e)
    A3 = 2 * sxyx.H + 3 * sxyx.L1
    A4 = 2 * (sxyx.R-e)
    A5 = (sxyx.R1-e)/(sxyx.R-e)
    A6 = Tan(A5) * Sqr(1-Sin(A5))^2
    A7 = Sqr(1-(Sin(A6))^2)
    sx(i) = A1 + A2 + A3 -A4 * A6 + A7
```

```
    sx(i) = sx(i) * sxyx.Lp
    List2.AddItem(sx(i))
    Nex i
    End Sub
```

5. 梅花药形计算子程序

```
Private Sub Command1_Click()    '梅花药形参数计算
Static mh(80),APc(80) As Single
Dim t,e,pi,A,b,C,D,Rp,Y,R1,K,P,Q,z,E1 As Double
Dim i As Single
Dim w As Integer
    List1.Clear
    List2.Clear
    List3.Chear
    pi = 3.1416
    R1 = mhyx.rr * 1 + mhyx.E1 * 1
    Rp = mhyx.Dp/2
    P = Rp-R1
    A = mhyx.rr * 1 + mhyx.rr1 * 1
    b = Sin(pi/(mhyx.m))
    D = C = P * b/A
    Atn(C/Sqr(1-C^2))
    Y = 2 * mhyx.m
    K = mhyx.E1-mhyx.rr1    '弧根圆半径 rr1 消失点燃层厚
    w = 0
    e = 0
    For i = 0 To K Step 0.02
    e = 0 + i
    z = P/R1 * b
    Q = Atn(z/Sqr(1-z^2))
    If i < mhyx.rr1 Then
    List1.AddItem i
    mh(w) = Y * ((pi/mhyx.m + D) * (mhyx.rr + e) + D * (mhyx.rr1-e) + (R1-e) * (pi/mhyx.m + Q))
    mh(w) = mh(w) * mhyx.Lb * mhyx.n
```

```
List2.AddItem mh(w)
Else
C = P * b /(A + e)
 = Atn(C /Sqr(1-C 2))
z = (P /(R1-e)) * b
Q = Atn(z /Sqr(1-z 2))
mh(w) = Y * ((mhyx.rr + e) * (pi /mhyx.m + D) + (R1-e) * (pi /mhyx.m + Q))
mh(w) = mh(w) * mhyx.Lp * mhyx.n
List1.AddItem i
List2.AddItem mh(w)
End If
Next i
End Sub
```

6. 管形药形计算子程序

程序1：

```
'计算管状药形参数(一端包覆)
Private Sub Command1_Click()
Static st(20),p(20) As Single
Dim t As Single
pi = 3.14159
  List1.Clear
  List2.Clear
  List3.Chear
  Tb = (GZyb.D1 2-GZyb.D2 2) /(2 * GZyb.u)
For i = 0 To Tb Step 0.01
    t = i
    e = GZyb.u * t
    ss1 = pi * (GZyb.D1-(2 * e)) * (GZyb.Lp-e)
    ss2 = pi * (GZyb.D2-(2 * e)) * (GZyb.Lp-e)
    st(i) = (ss1 + ss2) * GZyb.n
    List1.AddItem (t)
    List2.AddItem (st(i))
    Cf = 1.45
    at = (1 /4) * pi * (GZyb.dt) 2
```

```
        p(i) = GZyb.Isp * GZyb.u * st(i) * GZyb.rp∕1000∕(Cf * at)
        List3.AddItem(p((i))
        Next i
End Sub
```

程序 2：

```
Private Sub Command1_Click()   '计算管状药形参数(两端包覆)
Static st(20),p(20)As Single
Dim t As Single
pi = 3.14159
    List1.Clear
    List2.Clear
    Liste.Clear
Tb = (Form1.D1↑-Form1.D2↑)∕(2 * Form1.u)
    For i = 0 To Tb Step 0.01
        t = i
        e = Form1.u * t
        ss1 = pi * (Form1.D1-(2 * e)) * Form1.Lp
        ss2 = pi * (Form1.D2-(2 * e)) * Form1.Lp
        st(i) = (ss1 + ss2) * Form1.n
        List1.AddItem(t)
        List2.AddItem(st(i))
        Cf = 1.45
        at = (1∕4) * pi * (Form1.dt)↑2
        p(i) = Form1.Isp * Form1.u * st(i) * Form1.rp∕100∕(Cf * at)
        List3.AddItem(p(i))
        Next i
End Sub
```

参 考 文 献

[1] 张平,孙维申,眭英.固体火箭发动机原理.北京:北京理工大学出版社,1992.

[2] 王元有,等.固体火箭发动机设计.北京:国防工业出版社,1984.

[3] 张吉瑞,等.固体火箭推进剂.北京:国防工业出版社,1991.

[4] 李宜敏,张中钦,张远君.固体火箭发动机原理.北京:北京航空航天大学出版社,1991.

[5] 孙维申.固体火箭发动机不稳定燃烧.北京:北京工业学院出版社,1988.

[6] 眭英,胡克娴.固体火箭发动机.北京:北京理工大学出版社,1990.

[7] 华自强,张中进.工程热力学.北京:高等教育出版社,1988.

[8] 朱明勤.固体推进剂的应用.火炸药,1983,3.

[9] 王克秀,李葆萱,吴心平.固体火箭推进剂的燃烧.北京:国防工业出版社,1984.

[10] 卜昭献,周玉燕,杨月先.固体火箭发动机手册.北京:国防工业出版社,1988.

[11] 苗瑞生,居贤铭.火箭气体动力学.北京:国防工业出版社,1988.

[12] 萨登 GP,等.火箭发动机基础.北京:科学出版社,2003.

[13] 王守范.固体火箭发动机燃烧与流动.北京:北京工业学院出版社,1987.

[14] 张平.燃烧诊断学.北京:兵器工业出版社,1988.

[15] 何洪庆,等.固体火箭发动机气体动力学.西安:西北工业大学出版社,1988.

[16] 宁晃,高歌.燃烧室气动力学.北京:科学出版社,1987.

[17] 叶万举,常显奇,曹泰兵.固体火箭发动机工作过程理论基础.长沙:国防科技大学出版社,1985.

[18] 董师颜,张兆良.固体火箭发动机原理.南京:南京理工大学出版社,1996.

[19] 孙万玲.X 射线检验问答.北京:国防工业出版社,1984.7.

[20] 莱兹别格 BA,等.固体火箭系统工作过程理论基础.刘光宇,梅其志译.北京:国防工业出版社,1987.

[21] A. M. 维尼茨基.固体火箭发动机.张吉瑞,等译.北京:国防工业出版社,1981.

[22] J. S. Lilley. The Design and Optimization of Propulsion Systems Empioying Scarfed Nozzles. 1985,8-10.

内 容 简 介

本书编著者总结固体推进剂发动机产品研制的经验和体会,从工程设计和使用的角度,系统地介绍了固体推进剂装药工程设计的步骤、内容和方法。在装药性能计算中,根据动力推进功能或性能的不同需要,提出装药相关性设计、高装填密度装药设计、装填性能设计等设计思路,并以假设的弹道性能参数要求和虚拟的装药结构为例,阐述其工程设计及计算方法。

本书可供从事固体推进剂发动机设计人员、研究人员和装药制造等科技人员参考。

This book summarized the author's experiences on solid paoplellant motor product research and realize process, the steps, contents and methods to design the propellant gain from the engineering design and the real application were systematically introduced; The design idea on propellant grain relativity design, high filling density grain design and filling property design etc。 Were proposed on the demand of propelling performance or property difference in the grain calculation process。 The engineering design and calculation methods were introduced based on the assumed ballistic properties and fictitious grain structure.

This book is mainly provided as a reference for researchers engaged in solid propellant motor design, propellant research and propellant grain manufacturing, etc.